成瀬 雅光

仮想環境と
プログラミング
スキルで実現

「ひとり情シス」虎の巻

実話で学ぶ
ITエンジニアの理想の仕事術

日経BP社

はじめに

　自分が幸せになるための居場所をやっと見つけた。いや、居場所を創ったのかもしれない。日本の企業組織の中でITエンジニアが幸せになるためにはコツが必要だった。そのコツは、同じように自分の居場所を探している人たちの参考になると思い、本書に託すことにした。

　技術さえ身につければ、エンジニアは幸せになれると思っていた。企業にとって大切なIT環境を、次々に起こるトラブルから守り続けることで評価されると思っていた。しかし現実は違っていた。どんなに苦労して成し遂げようとも、どんなに無理難題を解決しようとも、価値ある技術を身につけたとしても、評価はおろか、エンジニアであり続けることすら簡単なことではなかった。

　日本企業には管理職以外のキャリアパスはほとんど無く、優秀なエンジニアを育成する土台が無い。長く続いた景気低迷の余波もあり、多くの企業でIT部門は衰退し、エンジニアは評価も得られず疲弊している。企業は内製力を失い、IT活用は進まず、過剰なITベンダー依存が非効率で高コストな状態を作り出している。私はまさにその真っ只中にいた。ITは企業にとって欠かせないものでありながら、それを支えるエンジニアは評価されない。なぜこんな矛盾が多くの日本企業で発生するのか不思議でならなかった。

　その理由は「ひとり情シス」としてIT環境を立て直す過程で分かってきた。根底にあるのは流動性の低い雇用環境と、それを前提とした組織運営、そして過剰な協調性や労働集約的な発想だ。そのような特殊な状況でエンジニアが幸せになるには、技術を身につけるだけでは足りなかったのである。「組織の中でうまくやる方法」が技術面でのスキルとともに必要だったのだ。しかし、そんなことは誰も教えてくれないし、どこにも書かれていない。

私はうまくやる方法を試行錯誤と失敗を重ねる中で学んできた。エンジニアが得意技を活かし、組織の中で幸せになるための一つの答えである。現場の業務担当者や経営者と接し、ITベンダーと交渉をする中で役立ったのは、組織の力学や人の心理、集団行動などの知識だった。社内のキーパーソンとギブ・アンド・テイクの関係を作ることができれば、協力者が増え自分の助けとなることも学んだ。

　もちろん、社内でうまくやるためにはエンジニアとしての裏打ちがいる。私にとって強力な武器となったのがプログラミングスキルと、それを自由に活かせる仮想環境である。この二つがあったからこそ、社内のIT活用のニーズに対応し、キーパーソンを動かし、協力者を増やすことができた。

　そのようなこともあり、本書では一般的な技術書とは異なり、私がひとり情シスとして経験した実話をベースに、技術と「組織の中でうまくやる方法」の両方を収録したノウハウ集を目指した。それは、ひとり情シスのエンジニアだけではなく、大企業のIT部門やITベンダーのエンジニアにとっても大いに参考になると考えている。

　技術的な情報は、プログラミング習得やITインフラ構築、業務システム開発の勘所などを解説した。これから技術を学びスキルアップを図っていこうという人にとって良いガイドになるはずだ。深く学ぼうと思えば、必要な情報は全てインターネット上にある。検索に必要となるキーワードもできる限り収めた。そのキーワードを頼りに、インターネットで情報収集してほしい。

　日本は人口減少時代に突入し、人材不足が深刻化しつつある。IT活用による省力化が急がれる中、その役目を担うはずのIT業界は、ブラックなイメージもあり、他の業界以上に人材不足が深刻である。目先のコストを優先し、IT部門を衰退させてしまったユーザー企業は危機的状況に陥っているが、それでもシステムは動き続けるため、

危機に気づいていない企業も少なくない。

　実は、この状況はエンジニアにとっては有利に働く。自分の市場価値が高まるからだ。これまで社内で評価されなかったエンジニアにとって、ようやくチャンスが巡ってきた。しかし、全てのエンジニアが幸せになれるほど世の中は甘くない。企業はエンジニアがほしいのではなく、ITを活用して課題を解決できる人材がほしいのだ。

　必要とされているのは作業範囲の狭い専門エンジニアではなく、多能工エンジニアなのだ。「設計しかできません」「サーバー管理しかできません」「データーベースしかできません」では幸せになれない。一人でいろんなことをやるのは時代の要請でもある。ITを活用して究極の省力化を目指す時代を生き抜くために、自分の価値を高め、どの居場所を目指すかは自分次第である。

　私は、自由に操れる仮想環境とプログラミングで、一人でITインフラを運用し業務システムを作れる多能工エンジニアを実現してきた。その実現の過程について詳しく書いたが、それだけが正解ではない。課題の解決方法は他にもいくらでもあり、例えば、お金をあまりかけずに他人に作らせる方法もあるかもしれないし、状況によっては無料のクラウドサービスを使って解決できるかもしれない。柔軟な発想が必要である。

　本書の価値は、こんな私でもできたことを示せた点にある。私は高い能力を持っているスーパーマンではない。むしろ落ちこぼれである。多能工エンジニアやひとり情シスとして活躍するのは、コツさえ知っていれば、決して難しいことではない。技術の進歩が背中を押してくれるはずだ。本書を読み進めるうちにそれを理解でき、実際に自分でやってみたときに「なるほど」と腹落ちするだろう。

　本書ではオンプレミスを前提としているが、決してクラウドがダメというわけではない。むしろ、積極的に使いたいところもあるくらい

だ。クラウドを使わない理由は、技術的な問題ではないのだ。それも読み進めれば理解できるはずだ。

　本書ではうまくいった取り組みを中心に書いているが、成功の裏には多くの失敗が隠れている。同じ事をしても、会社や環境が違えばうまくいくとは限らない。実際には、環境に合わせたやり方を考える必要がある。そのやり方を見つけた時こそ、大きな価値を得られる。だから、１回や２回の失敗くらいでは諦めないでほしい。成功するまでチャレンジしてほしい。その試行錯誤の過程こそが、問題解決能力や困難から脱出する能力を高め、自信につながる。

　これまでの私の経験と考え方について書いたが、単に私の行動や考え方をなぞるだけでなく、「もし自分がそのような状況に陥ったらどうしただろうか」と考えながら読み進めてほしい。それがあなたの環境に合う、あなたのやり方かもしれない。

　インターネットは情報であふれ、技術書も簡単に手に入る。無償で使えるソフトウエアもたくさんある。インターネットとつながった回線とパソコンさえあれば、技術は独学でも十分に学べる。たいていの事は先人たちがすでに道を作ってくれていて、それが公開されている。本当にすばらしい時代である。

　成功の秘訣はITが好きであること、プログラミングが好きであることである。「好きこそ物の上手なれ」で磨いた技術と、組織の中で生き抜く方法をもって、多能工エンジニアを目指し一歩一歩自分の道を歩んでほしい。そして居場所と幸せを見つけてほしい。

2018年4月

成瀬 雅光

「ひとり情シス」虎の巻　目次

はじめに ———————————————————————————— 2

（第1章）「ひとり情シス」の先に エンジニアの理想の居場所 ——— 11

自由にできる環境を手に入れたプログラマーは強い ——————— 13
実は「落ちこぼれ」だった新人時代 —————————————— 17
「一人でがんばる」ではなく「一人で楽に」 ——————————— 20

（第2章）IT部門が消滅、 200台のサーバーが残された ——— 27

システム運用で手一杯だったIT部門 ————————————— 28
人員削減の末、ついにIT部門が消滅 ————————————— 32
IT担当だけでなく周りも困っていた —————————————— 38
■サーバー障害に備えるテクニック ————————————— 41

（第3章）IT部門再建は絶望、 IT環境の建て直しを目指す ——— 45

IT部門復活に向けた現実解は無い —————————————— 50
「全部一人でやればいいんでしょ」が全ての始まり ——————— 55
動かない人や組織より、命令通り動くコンピュータ ——————— 58
■社内のIT環境とキーパーソンの掌握法 ——————————— 62

第4章 組織でできない事が一人ならできる ――― 69

無償の仮想化ソフトでサーバー集約 ――――――― 70

老朽化サーバーがお宝に変わった理由 ――――――― 79

BCPで実現できた理想の一人運営環境 ――――――― 85

第5章 「サーバーは要らない」、業務システム内製に挑戦 ――― 91

「IT部門は中間業者」からの脱却 ――――――――― 94

Oracle DBのLinux移行と内製化の効用 ――――――― 98

ユーザーを主体的に動かす方法 ―――――――――― 102

Excelに代わる業務システムを内製 ―――――――― 106

　■基幹システムのデータ活用の極意 ――――――― 110

第6章 業務システム内製のカギは「自分パッケージ」 ――― 115

システム基盤は同一にすべし ―――――――――― 116

複数システムを同時開発できる理由 ――――――――― 123

業務システムを個別に構築する真の意味 ――――――― 127

ギブ・アンド・テイクで良好な関係 ――――――――― 130

集まったデータに新たな価値 ―――――――――――― 133

　■業務システム開発時のSQL活用術 ――――――― 137

第7章 ITベンダーの支援を失う 危機の乗り切れ —— 141

外部委託すべき業務を見極める —— 142

ITベンダーに見切りをつけられる事態 —— 146

「リスク」を丸投げすると「コスト」で戻る —— 149

インフラ構築もリスクを取ってコスト削減 —— 154

■ システム寿命を長くする手立て —— 159

第8章 突然の病魔、 最大のリスクが顕在化 —— 163

管理職にならないと評価されないエンジニア —— 164

「あなたに何かあったらどうするのか」 —— 168

長期休業、ひとり情シスのリスク問題に答え —— 171

大企業のIT部門も「ひとり情シス」状態 —— 175

ひとり情シス、その後 —— 177

第9章 落ちこぼれからスタート、 プログラマーへの道 —— 181

「お前の分は俺たちが稼ぐから邪魔するな」 —— 182

UNIX/Linuxを学ぶ際のポイント —— 184

プログラミングスキル習得の勘所 —— 190

大規模システムの一部機能の開発でよいのか —— 195

目的を達成するために何ができるのか —— 200

要注意！ITゼネコンの多重下請けピラミッド —— 204

第10章 転職後、IT部門が消滅するまで ——————— 209

IT部門は何でも屋、便利屋だった ————————— 210

入社3年目で業務システム開発の機会 ————————— 214

ひとり情シスになる前に成長できた ————————— 219

規模を拡大したIT部門が衰退した理由 ———————— 223

第11章 日本のエンジニアの生きる道は「多能工」 ——— 227

理想像としての多能工エンジニア ————————— 228

仕事の範囲と役割の拡大がキャリアパス ——————— 232

自分が「クラウド事業者」になるという発想 —————— 238

ひとり情シスの先は「ゼロ情シス」————————— 241

壁を作るのは自分、壁を乗り越えるのも自分 —————— 245

社外で評価される人材を目指せ ————————— 248

夢と目標、そしてブレない志とポリシー ——————— 255

他人を変えるより自分を変えるほうが簡単 —————— 262

エンジニアの理想、こんな世の中にしたい ——————— 265

第 **1** 章

「ひとり情シス」の先に
エンジニアの理想の居場所

自社のサーバーや業務システムを一人で面倒見ている。そう聞いたら、どんなイメージを持つだろうか。小さな会社なのだろうか、ITベンダーに丸投げの状態だろうか、それとも「悲惨なひとり情シス」なのだろうか。いずれにしろ、組織の中で一人という状況からは、決して良いイメージは浮かばないだろう。

　まさか、自分がそんな状態に陥り、絶望の淵に突き落とされるなんて予想もしていなかった。しかし、その先にはITエンジニアにとって理想の居場所と成長があったのだ。

10人の部員を抱えたIT部門がまさかの消滅

　私が働く製造業は、従業員が400人の中堅企業だ。このクラスの企業ならIT部門があるのは普通だが、部員が10人というは中堅企業でも多いほうではないか。

　企業におけるITの重要性が増している中で、そこまでの規模に成長したIT部門がまさか消滅するなんて、想像もできなかった。居場所を失った私は、他部門に居候することになり、放置され老朽化した200台ものサーバーを抱え、仕事に対する評価も得られず、協力者もいない状況で悪戦苦闘することになった。

　しかし、IT部門の消滅は、無駄な作業やしがらみといった不要なものまで一掃してくれた。一人という一見悲惨な状況は、自分の判断で何でもできる夢の環境であることに気付いた。

　そして、一人のメリットを最大限に活かすことで、これまでできなかった事が次々に解決し、状況が徐々に変わっていった。邪魔をする人もいなくなったので、成果は自分の努力次第で決まる。そして遂に、長く続いた悲惨な状況から脱することができ、管理職しかキャリアパスのない日本の企業組織の中で、ひとり情シスというエンジニアの一つの働き方を見つけるに至った。

現在、サーバーは250台にまで増えた。基幹システムなどの面倒を見ながら、私は大好きなプログラミングで各種業務システムを内製し、社内の課題や要望を解決に導いている。Excelに埋もれていたデータをデータベースに集め、集まってくるデータをつなぎ合わせることで、新たな価値を生み出し社内で活用している。

　全社が見通せるようになり、第一人者（と言っても「ひとり」なのだが）となったことで、自社にとって理想的なIT投資計画を提案できるようになり、投資を得るチャンスも増えていった。

　投資の機会が増えたことで、それを利用して自分の工数を減らすことも可能になり、ますます楽にシステムを運営できる環境が出来上がっていく。それがゆとりを生み、さらに多くの依頼を受けられるようになる。活躍できる領域が拡大し、社内のITが“自分色”に染まっていく。末端の社員がここまで権限を握ってよいのだろうかと思う一方、どこまで一人でできるか挑戦することを楽しんでいる自分がいる。

自由にできる環境を手に入れたプログラマーは強い

　私はプログラマーであり、サーバー環境の運営はついでにやっている程度の感覚である。しかし、自由にできるサーバー環境を手に入れたプログラマーほど強いものはない。自分の業務上の都合で、いつでもサーバーを立ち上げることができ、プログラミングで業務システムを作ることができるからだ。自分で考えたアイデアをお金をかけずに一人で実現できるのだ。

　通常、IT部門がちょっとした業務システムを立ち上げるためには、計画立案から社内稟議、予算確保、サーバー調達、システム構築まで、うまくいっても数カ月はかかる。ひとり情シスだと、お金をかけずに数時間でサーバーが立ち上がり、後はアプリケーションを作る時

間だけあればよいのだ。

　"ちょっとした"の感覚は人それぞれであるが、全社員にデータを入力させ、それを集計して結果を見せる程度の機能であれば、数日もあれば実装が可能だ。外部に委託しないので、全ての仕様を決めなくても形にすることができる。

　その結果、課題や問題を解決してもらえるとあって、社内のいろんな部署のいろんな人から相談や協力依頼が集まってくる。なんだか「先生」にでもなった気分である。

　一度うまく回り始めると、次々に仕事が舞い込んでくるようになる。それにより、仕事が選べるようになり、自分がやりやすいようにやらせてもらえる状況にもなりやすい。経営層など上とのつながりが増え、横のつながりも広がることは、役割と仕事の拡大を意味し、自分自身のキャリアパスにもつながる。エンジニアを捨てポストの少ない管理職争奪戦に参加しなくても、キャリアパスを描けるのだ。

　しかも、そのキャリアパスは社内でしか通用しない管理職のキャリアパスとは、価値が違う。エンジニア人生としてのキャリアパスである。管理職というポストで社内のみで力を得ている状況とは違うので、役職定年になって一気に力を失う心配もないし、会社をクビになっても食べていけるという安心感もある。なにせIT業界だけでなく日本全体で"できる"エンジニアが大幅に不足しているのだ。

ひとり情シスはブラック職場ではない

　「それだけの事を一人でこなしているのだから、さぞかしハードワークだろう」と思うかもしれない。確かに、トラブルが発生したときなど、一時的にそんなときもある。

　と言っても、残業が少し増える程度である。大抵のトラブルは想定しており、すぐに復旧できるよう余力を持って運営しているからだ。

業務への影響が小さいものは明日に回すといった対応も可能で、一人でやっているからこそ許されることなのかもしれない。

そんな状況なので、週2回の定時退社日も帰れているし、深夜業や徹夜、突発的な休日出勤もなくなった。トータルの残業時間はもちろん、36（サブロク）協定の範囲内に収まっている。緊急事態に備え社外から対応できる環境も、使い方を忘れないための確認作業を時々行っている程度である。世の中の働き方改革の追い風もあって、ますます理想的な労働環境に近づいているのが偽らざる現状だ。

時間的・精神的な余裕が生まれたことで、社外活動や自己啓発にも取り組めるようになった。最近では講演のオファーをもらうまでになった。社外の活動で評価されることで、社内での認知度が高まり、経営層からの見る目も変わってきた。

長い間社内で評価されなかった状況が大きく変わろうとしている。経営層との距離が急速に縮まったことで、別の意味で大変にはなったが、IT投資に対する理解を得やすくなった。投資の重要性を理解しない人に理解してもらうための資料作成から開放され、大きな仕事にも挑戦しやすくなった。

その結果、社内のIT活用に弾みがつくだけでなく、自分のスキルもさらに高まっていく。思い通りに動かない部下に悩まされる管理職とは無縁の下っ端で、自分の命令を忠実に実行してくれるコンピュータをたくさん従えて、大好きなプログラミングを満喫する一方で、投資の際にはCIO（最高情報責任者）やCTO（最高技術責任者）のような力を持つ。そこそこの報酬も得られるなら、エンジニアにとって最高の居場所と言えないだろうか。

ソロインテグレータ、生涯エンジニアへの道

もうこれは「悲惨なひとり情シス」ではない。そこで私は「ソロイ

ンテグレータ（Solo Integrator）」という言葉を創った。現場とは疎遠なコンサルタントとは違う。現場に入り込んで何でもやる多能工エンジニアを表す言葉である。

エンジニア不足で委託費が高騰する中、多くのエンジニアを抱えられない日本の大多数の企業で、この先一番必要とされる人材だと確信している。近い将来、企業のエンジニアはたとえ複数いたとしても、一人で何でもできるのが当たり前になっていて、高報酬のあこがれの職業になっていると期待している。

そんな「ソロインテグレータ」第1号である私は、まだまだ進化中である。

いつか自分の本を出したいという夢もここにかなえることができ、生涯エンジニアでありたいという夢も実現できそうである。現場で実務もこなし、教育もする新しい形のコンサルタントの姿も描きたい。複数の企業のIT環境を遠隔サポートしながら、リゾート地を転々として働けたら最高である。義務教育でプログラミングの必修化が進む中、後世のために教育現場でプログラミング教育をお手伝いしている姿も、イメージできるようになってきた。

特定分野の専門家とは違い、一人で企業のITを回した経験は、その先の選択肢を大きく広げることになる。

今、ひとり情シスとして苦労している人は大勢いるだろう。IT部門の一員としてがんばっているが、うまくいかない人もいるだろう。私もそんな時間が長く続いた。そんなときは、一度自分を客観視することだ。自分で壁を作っていないか、凝り固まっていないかと自問してほしい。

私のようにITを"味方"にしてしまえば、考え方一つ、やり方一つで、状況は大きく変わる。できないと思った時点で思考は停止してしまう。自分を信じて、夢を実現するためにがんばってほしい。200台

もの老朽化サーバーを抱えながら、全く評価されず、協力も得られず、声を上げても届かない。そんな絶望的とも言える状況からでもIT環境を立て直し、経営層との関係も改善できるところまで来られたのだ。他の会社でもできないはずがない。

実は「落ちこぼれ」だった新人時代

「プログラマーだ」「ソロインタグレータだ」と偉そうな事を言う私も、社会人になりたてのころは、C言語で「Hello World！」を表示するだけで精一杯だった。社会人としての最初の数年間は、同期の中でも明らかに遅れを取っていた落ちこぼれだった。先輩の姿を見て「自分もあんなプログラムが作れるようになるだろうか」と不安になっていた。しかも、そのために何をすればよいかすら、見当もつかない状態からのスタートだった。

しかも私は勉強が苦手である。記憶力も悪く、漢字も書けない、英語も全くダメだ。人の名前さえ覚えられない。だから出世できずに、いつまでも現場にいることになったわけだが、エンジニアであり続けたいと願う私にとって、ラッキーなことでもあった。そんな私でもここまで来られたという事実に価値がある。つまり、皆さんにもできる可能性が高いということだ。スーパーマンにしかできないことを、この本に託したところで意味は無い。

そうは言っても「そんなことができるはずはない」「単なる偶然だ」「どんな理屈なのか」「どうしたらできるのか」などと思う人も多いはずだ。そんな意見や疑問に応えるべく、私のこれまでの経験を本書にてお伝えしたい。皆さんが何かしらのヒントを得て、自分の夢を実現してほしいと願う。

「そもそも一人で運営できる環境って何だろう」と思う人も少なく

ないだろう。がむしゃらに何でも仕事を受けるだけではつぶれてしまう。IT部門が消滅し、ひとり情シスになったとき、私もしばらくは方向も定まらず、試行錯誤するも失敗の連続で、何度も挫折しそうになった。

なぜ一人でできるようになったかを振り返ると、二つのものを手に入れたのが大きく影響していたことに気付いた（図1）。そこで、その二つを手に入れることを目指せば、誰でも理想のひとり情シス、つまりソロインテグレータが実現できるのではないかと考えている。

> **アドバイス** 仮想環境とプログラミングスキルを
> まず手に入れよ

一つは、自分が自由にできる仮想環境である。クラウドで簡単に手に入る仮想サーバーではなく、仮想環境であることに注意してほしい。クラウド事業者やデータセンターを手に入れるようなイメージである。それさえあれば、仮想サーバーやシステムを自由に操れ、サーバーも容易に立ち上げることができる。クラウド事業者と表現したが、仮想環境は自分のパソコン上でも簡単に作れる。

二つめは、プログラミングスキルである。仮想環境がITインフラにすぎないから、何かを解決するためにはソフトウエアが必要である。そのソフトウエアを自分で生み出すことができれば、解決できる事が格段に増える。

図1　二つのものを手に入れれば「理想のひとり情シス」を実現できる

エンジニアが自由にできる
仮想環境

ソフトウエアを自分で生み出せる
プログラミングスキル

もちろん、市販のソフトウエアやフリーソフトで解決できればそれでもよいが、望み通りのソフトウエアを探すのには非常に手間がかかる。要望ごとに毎回調査をするのは非効率であり、そもそも誰でもできる作業なのでわざわざエンジニアがやる必要もない。一方、プログラミングは一度マスターすれば応用は簡単であり、作れば作るほど効率が上がり価値が増す。

この2つを手に入れ、社内の要望に応じて業務システムを作っている姿をイメージしながら、スキルアップに励むとよいだろう。具体的な目標を常に頭の中に入れておけば、普段の仕事での選択肢のうち目標に近いほうを選択できるようになる。

> **アドバイス** ： **まず目指す姿をイメージし目標にする**

ただし、思っているだけではダメで、本当にそうなりたいと望んで一歩を踏み出さないと手に入らない。「お金持ちになりたいなぁ」と思っているだけでは、お金持ちになれないのと同じである。

重要なのはサーバー側、特にデータベース

企業のIT環境は大きく分けるとサーバー、端末、ネットワークである。どれも重要な要素であるが、さすがに400人規模の会社で全てを一人で見るのは難しい。結論から言うとサーバーに注力し、パソコンやネットワークは外部委託でよい。ネットワークは高度な知識が必要なものの、ユーザー企業ではそのスキルを活かす機会が少ない。障害も多くないので、外部委託でも問題はない。

パソコンがゆうに千台を超える私の会社では、毎日のようにパソコン障害が発生している。至急の対応を要求され、利用者のITリテラシーの差に振り回されやすく、端末に関する技術知識もすぐに陳腐化

するので、社員自身がやることのメリットを感じない。

とはいえ、パソコンを野放しにしてよいという意味ではない。パソコンは直接面倒を見なくても、サーバーを握っていれば、ほぼ統制が取れる。ドメイン環境を構築し、ルールを守らないパソコンを遮断する仕組みや、何かあったときにファイアウオールで遮断できる仕組みなど、サーバーでPC端末を制御できる環境を作ることに注力したほうがよい。

特に、サーバー側で重要なのはデータベースである。もし無いのであれば、これからデータを集め蓄積することになるので構築したほうがよい。データベース管理を外部委託していて手が出せない状態なら、徐々に内製に移行したほうがよい。

私もデータベースをITベンダーから取り戻してから一気に活動範囲が広がった。システムで重要なのは技術と思われがちだが、データを集める手段に過ぎない。一番重要なのはデータであることをまず認識しておこう。

「一人でがんばる」ではなく「一人で楽に」

このように割り切らないと、一人で運営できる環境は実現できない。一人でやるということは、一人でがんばることではなくて、無駄な作業を減らして一人でも楽に運営できる環境を実現することである。

サーバーを外部委託で運営し、パソコンの管理は社員で対応している会社をよく聞くが、それは逆だと思う。エンジニアの価値を高めないと、IT活用も進まない。大企業のようにお金で解決できる企業なら、全部外部委託でもよいかもしれないが、社員であるエンジニアが成長し価値を高める機会を奪うことになる。

以前、自分が手に入れたい環境を簡単な図にしてみたことがある。

図2　以前、手書きで描いた「自分が手に入れたい環境」

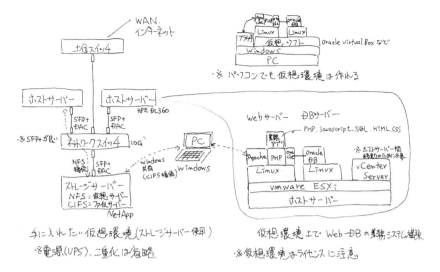

　その手書きで描いた図をお見せする（図2）。仮想環境上で、Web－DBシステムを立ち上げることを想定している。
　この図はあくまでも、一例である。「私だったらこうする」という構成である。つまり、私が得意な技術であり、好きな技術の集まりであり、私が実現した環境でもある。二重化などは複雑になり、理解が難しくなるので、ここでは考慮していない。どんな技術や機材を選択するかは人それぞれである。技術は日々進化して、新しいものが次々に出ているので、新しい技術を取り入れて、自分のスタイルを作ってもよい。
　ただし、まず一つの形を作れるようになるまでは、あまり欲を出さないほうがよい。目的は最新技術を学ぶことだけではなく、システムを一人で作る力を得ることだからだ。急ぐ必要はない。ある程度のレベルに達すれば、成長は加速していく。

とは言っても、この環境を簡単に手に入れられるほど世の中は甘くない。私も段階を踏んでここまでの環境を作った。

まずは仮想環境は自分のパソコン上にVMware PlayerやOracle VirtualBoxをインストールするところから始めてもよいし、VMware ESXiを古いサーバーにインストールしてみるのもよい。後は、その上にLinuxをインストールすれば、プログラミングを勉強できる環境が実現できる。方法はインターネットで詳しく紹介されているから、未経験の人でも大丈夫だ。

そして自分のアイデアを形にして、事業部門の人に触ってもらう。価値があると判断すれば、その人は動いてくれるはずだ。それがさらに別の人を動かして、いつか必要なサーバーの予算を認めてもらえることにつながるかもしれない。私もそうやってサーバーを手に入れてきた。どんなにきれいで説得力がある資料であっても、動くものを見せることにはかなわない。百聞は一見にしかずである。

ストレージサーバーを中心にした仮想環境を使い倒す

既に、自前（オンプレミス）で仮想環境を構築している企業も少なくないだろう。しかし、単なるサーバー集約化とリソースの有効利用で終わっているとしたら非常にもったいない。仮想環境は活用してこそ本来の価値があるのだ。

外部委託で運営しているなら、内製に切り替えたほうがよい。仮想環境の運営なんて簡単だ。外部委託は今の仕事を回すだけのことしかしない。サーバーはIT活用の肝の部分であるので、インフラを含め内製化しておいたほうが有利になることは間違いない。

大量の老朽化サーバーを抱えて一番大変だったのは、故障などの障害である。オンラインで部品交換ができるならよいが、そうでない場合システムを停止しないといけない。障害でシステムが停止した場合

は修理まで復旧が待たされる。

最も厄介なのは、障害が起きているがシステムは動いているという状態。この場合は、修理のためにシステムを停止してよいかを事業部門のユーザーと調整する。休日しか止められないとなると、上司や人事、組合とも勤務の調整が必要で、非常に面倒だ。「なんで全部落ちてくれなかったんだ」とさえ思うこともあった。

そんな課題も、ストレージサーバーを中心にした仮想環境があれば解決できる。ホストサーバーだけでも仮想環境を構築でき、仮想サーバーの移動もできるようになってきたが、CPUとデータは分けたほうがよい。データを重要視していることもあるが、分けたほうがシンプルで扱いやすく柔軟性もあり、リプレースの手間も省けるからである。

ストレージ構成の仮想環境を手に入れれば、業務システムの運用を止めずにホストサーバー間を移動できるので、社内の調整は一切不要になり、いつでもこちらの都合でホストサーバーの修理が可能になる。実際、この環境を手に入れたことで、休日出勤や深夜作業が激減した。

クラウド活用には新たな予算が必要、そこがネック

別にサーバーなんてクラウドで簡単に調達できるだろうと思うかもしれない。しかし、仮想サーバーが欲しいわけではない。ユーザーの要望を満たすには、仮想環境が必要なのである。オンプレミスの仮想環境だからこその活用もできる。仮想環境の空きを活用して仮想サーバーを立ち上げたり、業務システムを丸ごとコピーすることで環境構築作業を大幅に減らしたりすることもできる。

多くの日本企業でクラウド利用のハードルが高い原因は、クラウド技術の問題ではなく、企業内の意識にある。安価なクラウドであっても、投資や費用が発生することになると、稟議が必要になって、たい

ていそこで頓挫する。

　仮に無料だとしても、無料であることの不安も解消できないだろう。もし自分のアイデアを無料期間のクラウドで実現したとして、それを上司に見せたときにどう反応するか分からない。もし、拒否反応を示されて禁止されたら、そこで終わってしまう。だから私は極力、自分の中で閉じた形で実現し、徐々に拡大する作戦を採った。もちろん今は社内政治の問題で使いにくいクラウドも、必ず利用する時が来る。そのときのための準備は私も進めている。

> **アドバイス：クラウド活用に前に自分の自由になる仮想環境のほうが有益**

　理想に近い仮想環境を手に入れた今、システムを稼働したままクローンを作成できる機能により、再現性100%の不具合の解析環境をすぐに構築できるし、OSやソフトウエアのアップグレードやパッチの事前検証も容易だ。開発環境が急きょ複数必要になったときにも役に立つ。最近は「このサーバーと同じような利用環境が欲しいからコピーしてほしい」と要望してくる人も増えてきた。

　簡単にサーバーが立ち上がるなら「まずやってみる」のハードルが大幅に下がるため、技術の習得も容易になる。ユーザーの意識も変わってきている。いつでも新しいサーバーをもらえるので、古いサーバーをいつまでも自分たちの専用機として抱えている必要がなくなり、サーバーを返却する動きも出てきた。その結果、アップグレードなどの作業を減らすことができたが、正直このような動きになるとは予想していなかった。

　エンジニアが優位な立場を持つには、サーバーの調達部分を握ることと、システムの調達部分を握ることである。それこそが仮想環境でありプログラミングなのである。私はそれを手に入れた。10人のIT

部門で管理していた200台の物理サーバーを仮想化して一人で運営できているという話も、これにより理解できるのではないだろうか。この先お話する私の身に起きた出来事と、それから得たノウハウや知見から、エンジニアが組織の中で生き抜くヒントを学んでほしい。

第2章

IT部門が消滅、
200台のサーバーが残された

改めて私の置かれている状況を説明する。私は従業員400人の製造業で、社内の情報システムを担当している。今では250台に増えたサーバーから成るインフラの構築・運営を中心に、業務システムの内製、データ管理や統制など仕事は多岐にわたる。だが体制は、私一人。つまり「ひとり情シス」である。私自身は自らを「ソロインテグレータ」と呼ぶようになったのは、先に説明した通りだ。まずは現在の状態に至るまでの長く困難な道のりを説明しよう。

システム運用で手一杯だったIT部門

　私が所属する会社にもかつてIT部門が存在し、ピーク時は10人ものIT要員がいた。「かつてIT部門が存在した」というのは、次のような事情による。IT部門は長引く景気低迷で徐々に人員が削減され、ついに消滅してしまったのだ。他部署に異動した私は、唯一のIT実務担当者として残された200台のサーバーを支えながら、IT部門の必要性を訴え、再建を試みた。

　しかし失敗の連続で、心身ともに疲れきってしまう。その後、うまくいかない原因を突き止め、解決に導くための答えが「ひとり」であることに気づいた。社内の逆風を避けるとともに、技術進歩という追い風を受ければ、中堅規模のIT環境でも一人で運営ができることを、自らの環境で実践し証明することができた。IT部門の消滅が戦略的な判断だったかは定かでないが、結果的には消滅が成功のきっかけとなった。

　先進国最低ともいわれる日本の労働生産性と、中堅中小企業のIT活用が進まないことに相関関係があることは、国内外で指摘されている。中堅中小企業の現実はIT活用どころか維持もままならない状態で、IT部門は衰退する一方だ。解決の糸口すら見えない企業も多い

図3　IT部門が抱える難題は集団では解決できないが「ひとり」なら可能

のではないだろうか。自社も例外ではなく、IT部門が存在した時にはシステムの運営維持だけで手一杯の状態であった。

　ところが、IT部門が消滅し「ひとり」でIT担当の役割を担うことで、IT環境の立て直しに成功した（図3）。中堅規模の企業のIT環境でも一人運営が実現できたことは、IT活用とコストの両立で悩む企業やエンジニアの参考になるであろう。

> アドバイス：危機的状況になっても慌てるな
> 危機はエンジニアのチャンスとなる

　こんな状況になっても慌ててはいけない。そういう私はかなり慌ててしまい、必死で状況を変えよういろんな事をしたが、その行動の多くが無駄なあがきでしかなく、上司や周囲の人の印象を悪くし、自分の立場を悪化させただけであった。

　一人になった、と言っても、急に一人になったわけではない、人が徐々に減る中で、ある程度は予測でき、覚悟もできたはずであるが、まさか企業にとって重要なIT部門が無くなるはずがないという固定観念があったため、予想外の出来事に焦ってしまったのかもしれない。

組織は常に変化するものであるから、自分の部門が無くなることくらい想定しておけば、無駄なあがきをしなくても済んだかもしれない。

　仕事でもプライベートでもトラブルはつきものである。突然のトラブルに慌てて事態を悪化させてしまうこともある。しかし、後になって状況を冷静に見られるようになると、容易に正しい判断ができる。そんな経験はないだろうか。物事を冷静に客観視できれば、正しい判断と行動ができるのである。危機的状況になったときこそ冷静になって自分を客観視することが重要であるが、言葉で言うのは簡単だが実際にそれをやるのは難しい。

目先のことだけに必死になるから悲惨になる

　その後、ひとり情シス問題は解決に向かうが、それは自分が置かれた状況を客観視する機会が何度もあったからである。その機会がなく、目先の事だけに必死になっていたら、今でも悲惨なひとり情シスをやっていたかもしれないし、今の会社にはいないかもしれない。正しい選択や判断をするために重要なのは、自分が置かれた状況を客観視することである。状況さえ正確に把握できれば、正しい判断が道を開いてくれるはずだ。

　危機的な状況になればなるほど目先の問題にとらわれがちだが、普段から世の中の大きな流れを把握しておくと、目先にとらわれない判断ができるようになる。それは長期的に良い結果を生み、将来の自分を助けることになる。

　それは会社内の動きにも言える。例えば全社で出金を抑制しろと言われているのに、外部委託で大金を使う計画を提案したりしていないだろうか。皆忙しい状況で、さらに負荷をかけるような提案をするようなものだ。うまく行かないことは容易に予想できるが、事を強引に進め、周囲からの反感を買う事例をいくつも見てきた。無駄に時間費

やしているようにさえ見えた。

　ひとり情シスは世の中の常識に逆らっていると見る人もいるようだ。しかし私には、今のIT部門のやり方や考え方、組織運営こそが、IT進化の流れに逆らっているように見える。企業のIT活用が重要と言われている中で、企業はIT部門を衰退させ、エンジニアを評価するどころか疲弊させ、内製すらできず非効率な状況から脱却できない状況なのだから。

　できるだけITコストは抑え、少ない人員でやりくりしてほしい。ITを活用して企業競争力にもつなげたい。そう思うのはどこの企業でも同じである。だったら、それを実現する方向で動けばよいだけである。

> **アドバイス** ┊ **世の中の流れに逆らわず、**
> **ITを味方につければ道は開ける**

　幸いIT環境の進化でそれが可能な時代になっている。一人で何でもやってやろうじゃないか。最初からそんなふうに思っていればもっと楽にできたのに、と今さらながらに思う。一人の力は大きくないかもしれないが、ITを味方につけた一人という状況は、組織の中では機動力に優れる。あとは自分との戦いだ。

人が減り評判を落とす悪循環

　IT部門が消滅する以前には、私もIT部門に所属する要員の一人として活動していた。サーバーやインフラ環境の構築・維持・管理を中心に、ITに関することは何でも対応していた。業務システムの構築や、事業部門向けに開発支援ツール環境の構築などの依頼も受けた。だが以前は、投資に積極的であったことやスピードが重視されていたこともあり、手っ取り早く成果を得られる「ベンダー丸投げ」が当たり前のように行われていた。

その結果、目先優先の個別最適システムを増やすことになり、運用面で非効率で高コストな体質を生む原因となっていた。IT部門が関わらないシステム構築も横行し、稼働間際になってサーバーの設置場所や電源の空きがないといった、初歩的なトラブルに見舞われることも少なくなかった。

　IT部門が関わらないシステムは、担当事業部門の組織変更やプロジェクトの終了を機に放置されることが多い。放置されたサーバーやシステムは、最終的にIT部門が尻ぬぐいをするという暗黙の流れができていた。

　とはいえ、尻拭いのためなら必要な予算の確保は容易であり、「IT部門は頼りになる」といった、事業部門からのそれなりの評価も得られたこともあり、そのような状況を変える動きはなかった。後々その甘やかしが、IT部門自身を苦しめることになる。

　その後、長引く景気低迷によりコスト削減の要求は厳しさを増し、IT投資の予算を得ることが困難になってくる。事業部門の尻拭いで抱えることになった多くのシステムの維持コストですら削減対象となった。外部のITベンダーに依存する丸投げ体質のIT部門は、投資予算を得られなくなった途端に成果を出すことができなくなり、「IT部門は何もしてくれない」「金ばかりかかる」という評判が根付いてしまった。

人員削減の末、ついにIT部門が消滅

　サーバーやシステムの保守などにかかる維持コストは、システムが稼働している限り削減することができない。となると、削減対象は人件費に向くのは当然である。そうしてIT部員の人員が削減され続けた。

　人員削減によって異動となったメンバーは、落胆しているかという

と必ずしもそうではない。投資も成果も評価も得られないIT部門にはもう用はなく、渡りに船といったふうに去っていく。異動になるメンバーが担当していたサーバーやシステムは、ITベンダー任せで作ったこともあり、仕組みの把握すら十分にできておらず、まともな引き継ぎもされなかった。その結果、残されたIT部員が非効率な運営を強いられることになった。

　人が減り、非効率な運営を強いられるため、日常の業務がますます回らなくなり、それがさらに社内の印象を悪くして人員削減につながるという悪循環に陥ってしまった。ついに組織を維持することが困難な人数となり、IT部門は消滅してしまうこととなった。

サーバーが200台にも膨らんだ理由

　「ITで効率化！」という号令の下、各事業部門は競ってサーバーを立ち上げシステムを構築してきた時代があった。手作業の業務が多かった時期でもあり、コンピュータを使ってシステム化や自動化を行うことで、手っ取り早く成果を出すことができた。そして、IT部門が把握しないサーバーシステムも増えた時期でもあった。

　設置場所や電源容量の考慮は、基本中の基本であるが、その基本すら分からない人が安易にサーバーを買うことの弊害は大きい。その後IT部門に尻拭いしてもらったことは表に出さず、自分でできたと勘違いしてしまい、同じミスを繰り返すようになる。

　サーバーラックがあるにもかかわらず、タワー型のサーバーを購入してしまい、5倍も10倍も場所を取ったり、ライセンスが無くこちらで用意したり、購入後のサポート情報など見つからなかったりと、言い出したらきりがない。

　厄介なのは、そんなサーバーが長期にわたって使用されることである。最初のミスがその後何年も影響を及ぼす。サーバー購入自体が

ITベンダー丸投げなので、「もっと安くして」と言われると、ITベンダーは作業費を削らずサーバーのスペックを下げてしまう。

そんな事にも気づかず、金額が下がったことで満足してしまうのだ。電源が二重化されていなかったり、RAIDのスペアが無かったり、性能の悪いHDDを選択されたりすることで、障害時に被害が拡大することもよくあった。

ハードウエアだけでなく、ソフトウエアも同様で、ライセンス不足に加え、バックアップなどが考慮されていないなど、長く使うことや運営コストを下げることといった発想がない。このため、手のかかるサーバーとなる。サーバー調達時はIT部門に頼まなくても自分たちでできると言っていたにもかかわらず、手に負えなくなってIT部門に押し付けるという流れを繰り返していた。

気がつくとIT部門は200台ものサーバーを抱えていた。

受け身の対応で責任を押し付けられる

それでも評価も投資もあったときはそれなりに回っていたが、投資が抑制され始めると途端に回らなくなり、トラブルが多発するようになる。実はトラブル多発には別の理由もある。

もともと目先の成果欲しさにサーバーを立ち上げた本人はお役目御免で去っていき、サーバー運営はその部下や新人に渡される。しかし、手に負えなくなりIT部門に押し付けられた後は、関係者が皆、他人事になっているのだ。

IT部門で面倒を見るといっても、IT部門の部員は皆、我が事じゃないと思っている。サーバー室に持ち込まれても、それに手を出したところで評価されるわけではないので、誰も手を出さない。怪しい予兆があっても、見知らぬふりを決め込む。最初に手を出した人が担当といった雰囲気もあった。だから何の改善もされない。

IT部門全体の評価が下がっていくことで、より一層その傾向が強くなっていく。結局サーバーを最後に押し付けられたIT部門がトラブルを起こしたと思われ、イメージを悪くするという悪循環になっていた。

そんな放置サーバーがこの先お宝に変わるとは、その時は誰も思わなかった。

組織の壁、情報が経営に上がらない

IT部門が消滅しても200台のサーバーが無くなるわけではない。唯一のIT要員となった私は、他のスタッフ部門に居候させてもらいながら、最低限のサーバー運営を担うことになる。

現状のまま回すことで手一杯なため、ますますサーバーの老朽化が進み、故障やトラブルは増える一方。居候の身であるため、徹夜で請求書作成を手伝い、イベントのたびに駆り出されるなど、その部門の仕事に時間をとられ、IT担当者として本来やるべきことができなくなっていた。

そのような状況でも、社内のIT化（システム化、自動化）の要望は多く、IT部門が消滅して相談先が無くなったために、私のもとに個人的に相談に来る人が後を絶たない。しかし、それに応えられる余裕が無い状態に、エンジニアとして情けない思いをする日々が続いた。居候の身ではこの先のキャリアパスを描けず、評価を得られることもなく、キャリアと評価に連動した報酬制度の下で、モチベーションを維持し続けるのにも苦労した。

これが衰退を続けたIT部門の末路である。しかし、企業にとって重要なIT環境を支える人や体制がこのような状態でよいはずがない。IT部門の重要性を訴え、復活のために動き出さなければ、と私は危機感を募らせていた。

と言っても、何をすればよいのか分からないので、まずはIT部門衰退に警鐘をならす識者らのインターネット上の情報を読みあさった。その上で、IT環境の見える化や情報共有の取り組み、経営への提言、自社のIT環境の将来像に関わる提案など、なんとか時間を作って拙劣ながらも資料を作成し、上司に上げた。

　そんな情報発信を続け、成果が見えないまま数年が経過したころ、実は情報が経営に上がっていないことを知り、自分の無力さを思い知ることになる。

誰であっても悪い情報を上げたくない

　組織で情報を上げるのは伝言ゲームのようなものである。関係者全員が正しく伝えようとしなければ伝わらない。情報の内容を理解できない人が途中にいれば、正しく伝わらないし、その情報は必要ないと判断する人がいれば、情報はそこで止まってしまう。ITとは縁遠い部門に居候していることで、情報がさらに上がりにくくなっていた（図4）。

　情報には良い知らせと悪い知らせがある。サーバーの老朽化が進み後手、後手の対応になっている状態で良い知らせがあるはずもない。悪い知らせ、それは危険な状況を知らせるアラームであり、事故を未然に防ぐための重要な情報である。

　しかし、悪い知らせが成果や評価に影響するのではないかと人を不安にさせ、情報を上げたくないという心理につながっていることもあるだろう。情報を上げない人が悪いのではなく、人間の心理と組織の制度がそうさせているだけである。「居候のIT担当者のために犠牲を払いたくない」「厄介な事には関わりたくない」と考えるのは誰でも同じであろう。

　悪い予感は的中するというが、情報がスムーズに上がらないことで

図4　ITとは縁遠い部門に居候すると、情報が経営に上がらない

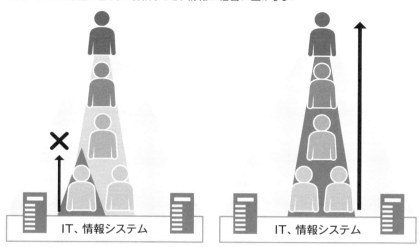

対応が遅れ、警告した通りの事故になることが少なくない。「言わんこっちゃない」という状態である。経験を積めば積むほど、その的中率が上がる。予測が的中することで、自分の予測は正しかったことを証明できるが、結局は自分が後始末をすることになるので、できれば未然に防ぎたい。

> **アドバイス**：逆境でも自己防衛のために
> やれることはある

　警告しても情報が上がらず、誰も動かずトラブルは避けられないとしたら、せめて尻拭いが楽になるように自己防衛をしておきたい、と当時の私は考えた。データ保全や環境のバックアップ、復旧方法の調査などの事前対策を行うことで、トラブル発生時でも最悪の事態になりにくく、慌てることなく対応できるようにした。

　これがひとり情シスとしての精一杯の自己防衛である。当時は、

「はたしてこの先どうなるのだろう」と不安な日々だった。

IT担当だけでなく周りも困っていた

　IT部門が消滅し悲惨な状況の中、「情報も上がらず、うまく回せず、相談に応えることもできず、モチベーション維持にも苦労した」というのは、あくまでもIT担当の視点である。その状況に困り果てていたのはIT担当だけではなく、会社全体が困っていたのだ。効率化やコスト削減を迫られた人たちが、システム化や自動化の実現どころか、相談先すら失ってしまったのである。

　しかし、周囲が困っている状態はチャンスでもある。自分が困っているだけでは、自分が一生懸命動かないとどうにもならないが、周囲が困っている場合、きっかけさえあれば周囲が力になってくれる可能性が高い。

　しかも、困っている人が多ければ多いほど、大きな力となる。つまり、全社が困っている状況を味方につけるのだ。そのためには自分が困った人を引きつける何かを身に着けないといけない。エンジニアならば、それはプログラミングスキルである。

　IT部門が消滅もしくは衰退した状態では、情報が上がらないのは当然である。実際は情報が伝わりにくい伝言ゲームと言うよりは、言葉が分からない人が間に入っていて、コミュニケーションを妨げていると言ったほうが近い。

　ITの知識がない中間管理職に、ITのことを上に伝えるのは酷な話かもしれない。変に伝えて、経営から突っ込まれても答えられないだろう。だから、その状況は何をやっても伝わらないことを意味する。極端なことを言うと、トラブルさえ起こさなければ何をやっても分からないということでもある。

そのような状況を前向きに捉えてからは、自己責任でいろんな事にチャレンジするようになっていった。もちろん最悪の事態に備え保険をかけてからチャレンジしている。今思うと、中途半端な技術知識で場当たり的に口を出される上司よりは、はるかに良かったと思う。実際、そのような上司に当たったこともあるが、予想通りやりにくく効率悪化の原因になっていた。

何をやってもバレないという状況を悪いほうに利用する人もいるかもれないが、一人しかいない状況では、何かあったときに真っ先に疑われることは間違いない。そんな状況で、自分の将来をかけて悪用する人がどれだけいるだろうか。

役に立った居候の身で学んだ事

他の部門に居候しながら、最低限の対処をするだけで精一杯な日々が続くことになったが、今から振り返ると、この時期に学んだ事は、その後ひとり情シスを実現する上で非常に役立つ経験となった。

居候しながらその部門の業務のお手伝いをすることで、現場の状況を肌で感じることができ、ITで効率化しないといけないところがまだまだあることを知った。業務、経理、総務、受発注など、それぞれの部門ごとにそれぞれの都合があることを勉強させてもらったことが、自分にとって価値ある経験になっている。

各部門を転々としたことで、経験以外にも得たものがある。各部門には必ずキーパーソンがいるが、それが分かったことだ。また、人間関係も見えてくる。

キーパーソンと仲良くなれれば、その後大きな力となってくれる。そういった人に対して積極的にサポートしておき、信頼関係を築いておくことが、将来の自分を助けることになる。このような経験から、エンジニアはIT部門に閉じこもって壁を作っていないで、各部門を

転々としながら社内の情報を収集する役回りになったほうがよいとさえ思うようになった。

アドバイス	他の部門で学べることは多い 閉じこもらず現場の情報を収集しよう

　仕事柄、サーバーやインフラに対しては、いろんなリスクを想定してきたつもりだが、さすがにIT部門の消滅までは想定できなかった。IT部門は消滅してもすぐにサーバーが使えなくなるわけではないので、何事も無かったかのように見えてしまう。そんな状態でIT部門の重要性や必要性を訴えたところで、理解されるはずもない。

　そのことにもっと早く気づけば無駄に時間を費やさなくて済んだ。当時は、なんでこの状況が理解できないんだろう、とイライラしていた日が続いていた。

サーバー障害に備えるテクニック

　私がサーバーのトラブルに備える際に、考えていたことを書き留めておく。

　トラブルで一番困るのが、データの消滅、そして環境の消滅である。環境とは仕組みや仕掛けを意味するが、サーバー上で稼働しているOSの消滅と考えてよい。つまり、データが消滅したり、仕掛けを動かすサーバーが起動しなくなったりすることが最悪の事態であり、そんな状態になってしまうと復旧も不可能である。

　「消滅しました、復旧は不能です」で済むはずもなく、バックアップしていなかったのかと怒られるのは、おそらく自分だ。古いサーバーになればなるほど、再インストールも困難になりリスクが高まる。

バックアップの仕組みの作り方

　ファイルサーバーにはもともとバックアップの仕組みがあったので、システムのデータのバックアップなどはその手順に乗せようと思ったが、容量が大きいのでデータベースのExportファイルや、環境設定情報などの重要なものだけにした。それ以外は余ったパソコンにHDDを接続して、大容量の簡易ストレージを作成したり、市販の安いNASを調達したりして、データをサーバー室とは違う場所に置いた。

　これだけで、同時に障害が起きなければ、データ消滅のリスクは大幅に減る。もちろん作業は自動化してあり、数カ月分のデータを

保持する仕組みも自分で作るのだ。Windowsならバッチとタスクスケジューラー、Linuxならシェルとcronの知識、そして若干のネットワーク知識があれば、難しいことはない。

　厄介だったのは、ファイルがプロセスにロックされることや、日本語ファイルの文字コードの扱いだった。そうなると、いったんサービスを停止するなどの仕掛けが必要になるが、そういった個別対応は障害の原因となる可能性もあるので、できればしたくない。ネットワーク越しのコピーになるので、回線負荷を考慮して、プログラムは休み休み動くような仕掛けをするなど気を使った。

　システムのデータがあっても、それを動かすサーバーが無いと復旧できない。放置されたサーバーの中には、環境構築の手順書はあっても必要なインストーラーがなく、何かあったら復旧不可能なサーバーも多数あった。そんなシステムに限って、安物サーバーで部品の二重化がされていなかったりする。そんな場合はフリーの仮想化（P2V

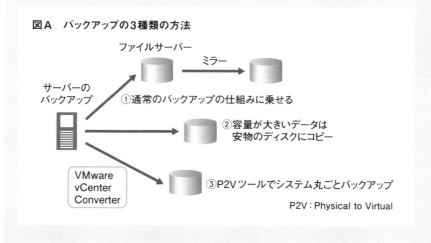

図A　バックアップの3種類の方法

ツールを使用してバックアップした（図A）。

　例えばVMware vCenter Converterなどである。そのツールで、バックアップをしておけば、最悪の事態でもVMware上で復旧できる。もし故障したらVMware環境を買ってもらえるかもしれないと思うようになると、故障におびえていた日々が「早く故障しないかな」と不謹慎な事を考えるくらいの余裕に変わってくる。残念ながら、そう考えているときに限ってなかなか故障はしない。

> **アドバイス**：仮想環境が無くても仮想化ツールで
> 物理サーバーのバックアップはできる

　P2Vツールで作った仮想イメージから環境を復旧できるか検証した後、リスクの高そうなサーバーから順に仮想イメージを作っていった。仕組みの保存が目的なので、一度保存できればそれでよい。仮想イメージを保存した後にアプリのバージョンが上がったといったことは、あまり気にしなくてよい。比較的最近のバージョンならインストーラーが入手できないなどの事態にはなりにくいので、同じ作業をもう一度やればよいだけである。

　私はVMwareのツールを使用したが、フリーのP2Vツールであっても機能は本格的だ。おそらく、この辺りは囲い込み戦略の一環だろうが、そうであったとしても構わない。VMwareの仮想イメージから他の仮想化ソフトのイメージに変換することもできるからだ。

　システムを停止しなくても仮想化できるので、本当にありがたい。大容量のサーバーであっても、シンプロビジョニングや圧縮でファイル容量を大幅に小さくすることができる。できたファイルを余ったHDDに二重保管しておけば完璧だ。これができてしまえば何があって

も怖くない。

　サーバーの台数が多いので、仮想化はWindows Serverを中心に行った。Windowsはファイルだけあっても復旧できないことが多いというのがその理由だ。一方、Linuxはファイルさえあれば何とかなることが多いので、必要なファイルをデータと同様にバックアップの手順に乗せた。ちなみにWinodwsのプレインストールOSは仮想化しても、ライセンスの問題で稼働させられるか分からないので、注意が必要である。

第**3**章

IT部門再建は絶望、
IT環境の建て直しを目指す

IT部門が消滅した後、ひとり情シスとして、その復活を目指し私なりに試行錯誤してきたが、常識的な範囲ではやり尽くした感があった。プライベート時間を削るなどかなりの労力を費やしたが、他のスタッフ部門に居候したことで、IT以外の仕事の現場を肌で感じることができた経験は、後にIT環境の立て直しを行う際に大いに役立つことになった。

　それまでは、ERP（統合基幹業務システム）を導入して、米国企業のようにトップダウンでIT統制を行うのが理想であると思っていたが、ビジネス現場の状況を肌で感じて、そんな簡単な話ではないことが分かった（図5）。おそらく他社も似たような状況であろう。後で説明するが、日本でERPがなかなか普及しないわけを理解できた気がした。

図5　米国企業と日本企業はシステムの在り方が違う

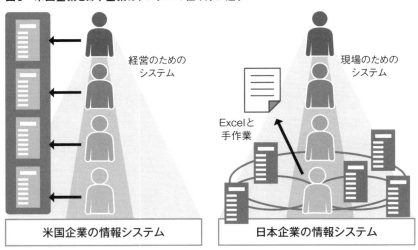

他の人ならIT部門を復活させようなどとは思わないかもしれない。私も何度も挫折しそうになった。しかしそれでもなお、IT部門の復活を諦めきれない。なぜだろう。会社のためではない。実は自分の居場所を探していたのかもしれない。居候ではなく、自分が必要とされる場所を、そしてエンジニアとして活躍できる場所を。

だが、もっと早く気づいていれば無駄な労力を費やさなくて済んだのである。IT部門の復活に必死になっていたが、企業において一度決まった組織の形（部門構成や人の異動）は元に戻ることはない。もしIT部門の消滅後すぐにIT部門を復活させたとしたら、その決定に間違いがあったことを認めるようなものである。それは責任問題になりかねない。

間違いを正せず対策が遅れることで、状況を悪化させてしまったという話も聞くが、そもそも何が正解で、何が間違いなのかは誰にも分からない。実際に、IT部門の消滅という経営判断は、後に大きな成果を生むことになった。だが、この時点では、私も含め誰にも予想できなかったのだ。

何が正解で何が不正解かは誰にも分からない

ひとり情シスがうまく回った理由を考えた時、仮想環境を手に入れてプログラミングスキルを高めたことはもちろんだが、スタッフ部門を転々とした経験も非常に大きいと感じる。ITを活用すると言っても、活用するのは自分ではない。IT要員は活用しやすいように導く役目である。それなのに、現場の状況を知らずに、IT部門の都合で進めてもうまくいかないのは当然である。

居候している部門のお手伝いをする中で、現場の状況を肌で感じ、何を必要としているのかを理解することができたからこそ、ひとり情シスはうまくいったのだと思う。各業務でキーパーソンとなる人を見

つけ、仲良くできたことも大きい。

> **アドバイス**　いろんな現場を経験することは、
> ひとり情シスの運営にプラスになる

　組織が大きくなると、部門間の壁も高くなり、仕事の依頼以外で部門の壁を超えて近づくことはあまりない。環境と技術だけでは、ひとり情シスは実現できても「理想のひとり情シス」にはならないかもしれない。

　仕事や環境が変わって何年もたつのに、一向に成長しない、うまくやれない。そんな人はいないだろうか。私もそんな時があった。その状況に置かれているのは、その人の能力が足りないと言うよりは、その人にとっての居場所ではないからだと思っている。

　人は個性があり、全く同じ人はいない。どんな人でも、広い世の中を探せば必ずその人の能力を発揮できる場所があるはずだ。居場所と言っても場所だけではなく、仕事内容、上司や同僚、会社や業界が違うかもしれない。

　居場所が違うのに、そこでがんばり続けたところで成果が出るはずもない。それに気づかず、その場所にしがみついていては成長は望めないだろう。まれにどんな環境でも順応できる人もいるが、そんな人に限ってもっと上を目指しその場を離れていく。

> **アドバイス**　うまくできないなら自分の居場所と違う
> 自分の居場所を探そう

　居場所が違うと思う人は、自分の居場所を求めて行動を起こしたほうがよいかもしれない。転職を積極的に勧めるわけではないが、それも一つのやり方と考えよう。会社にしがみつこうと考えた時点で成長しなくなると、肝に銘じておくべきだ。

この世の中、何が正解で何が不正解かは誰にも分からないのだ。「それだったら思ったようにやってみたほうがよい。面白そうなことをやってみよう。一度しかない人生なんだから」。私はそう考えるようになった。

IT要員を疲弊させ、IT部門を消滅させたが、結果的に会社はローコストでIT環境の立て直しができることになったのだ。そして私もひどい目にあったとは思うが、それ以上に価値あるものを得ることができた。結局、その場その場で思った良し悪しだけでは判断できないということであろう。

IT部門の衰退で価値ある情報を取り込めない

最終的にはひとり情シスになってしまったIT部門の衰退は、思っていた以上に厄介である。復活のためにやみくもに行動しても、解決の糸口すら見つかる気がしない。そこで私は一度立ち止まり、徹底的に考え、頭の中を整理することにした。

これまでIT部門の立て直しのために、インターネットの情報を参考にしてきたが、どれもうまくいかなかった。そういえば、IT部門の衰退問題に対する解決事例をこれまで見たことがない。パソコン管理やセキュリティ上の課題であれば、部分的に解決した事例は多い。だが、それさえもITベンダーが商品を売るために仕立てられた宣伝であるケースが目についた。

「クラウド利用により、IT部門はサーバーの維持管理から開放される」という話もよく聞く。確かにその通りなのであるが、残念ながら衰退したIT部門では、それを検討する以前の状態なのである。どんなに良い話であったとしても、衰退したIT部門にはその話を進める力量と権限が無い。IT部門が消滅した自社の場合、状況はさらにひどい。

企業のIT活用は二極化が進んでいると言われている。コスト削減

でIT部門が衰退した企業はますますIT活用で遅れを取り、"IT難民"と化す。自分で考える力を失い、ITベンダーやコンサルタント任せとなり、高コストの運営体制から脱却できないという悪循環に陥っているのではないか。

　一方でITを活用して急成長している企業もある。何が違うのだろう。IT活用に関する社外の有益な情報を、いかに社内に取り込んで共有できているかがポイントではないだろうか。その役割はIT部門にある。社内に有効な情報を取り込む存在として、IT部門が機能していなかったり、発言権すらなかったりする状態は、企業にとって大きな損害である。

　外部の情報を活用し、実際に効率化に貢献できるのは、IT部門が社内で信頼と評価を得ていることが前提である。それ以前の問題になっている状態では、有益な情報も単なるゴミである。いったんIT部門を衰退させてしまうと、もはやどうにもならないのだ。

IT部門復活に向けた現実解は無い

　IT部門復活に向けて情報収集を始めると、IT活用ができない日本企業やIT部門衰退に警鐘を鳴らす記事をたくさん集めることができる。それだけでも、自社だけの問題ではなく、日本全体の問題であることが感じられるだろう。各省庁から発行されている白書を読んでもそれが読み取れ、世の中で問題視され、危機感を持ちながらも、一向に解決に向かっていない。IT業界もますますブラックなイメージが定着し、さらに人材不足を招いているようだ。

　インターネット上にはITを活用するために、「経営者の説得などでITの理解を高める」「CIOやCTOの設置」「IT部門が経営に提言」「IT部門の技術力向上」「情報公開・透明性」「クラウド活用」といったこ

との必要性が説かれていた。だが、いくつかチャレンジしてもダメであった。

そもそもどうやって実現するかが書かれていない。組織で孤立した状態で理解を得るにはどうしたらよいのか、これまでにないクラウド予算を確保するためにどうやって理解を得るのか。それすら分からないのが、IT部門が衰退してしまった会社の現実なのである。いろんな情報があるインターネットでも、さすがに衰退したIT部門の復活に向けた現実解に関する情報は無いようだ。

他部門に居候したことで、外からは見えない複雑な事情があることを知り、部外者は所詮上っ面の判断しかできないのだと分かってきた。つまり、部外者では現実的な答えは出せないというのが、私の結論である。

> **アドバイス** ： 部外者では現実解は出せない
> 自分で答えを出す努力が必要

自分の問題は自分で解決するしかないのと同じで、IT部門の問題やIT担当の問題は、当事者が答えを出さない限り本当の解決はできないのである。そうは言っても、当事者が疲弊している状態では、何とかしろと言ったところでがんばれるはずもないのだが。

経営に直談判、その顛末

IT環境の改善提案を上司にしても経営に情報が上がらなかったが、実は情報が上がらないのはIT部門が消滅し、居候の身だからというだけでもない。IT部門があった頃から情報は上がりにくかったのだ。

会社の規模が大きくなればなるほど、階層が増えて下からの情報が上がりにくくなるのは当たり前である。ただでさえ忙しい経営層が現場の声を細かく聞くなんてことは非効率であり、そのために階層型に

組織化しているのである。そうした理屈は分かっていたが、若い頃の私は「全社の運営を支えるITに限っては例外であってほしい」と思っていた。

実は、まだIT部門が存在していた時、私は思い切ったことを2回ほど行っている。それは経営層への直接説明、いわゆる直談判である。直談判しようと考えている人はそんなにいないと思うが、もし考えているとしたら参考にしてほしい。

当時、担当していた基幹システムの課題や問題に関する情報が経営層に上がらず、何も決まらず放置されていた。そのためにトラブルが多発し、その後始末に追われるという状況が続いていた。状況を改善すべく、私は「情報が上がらないなら直接説明しよう」と直談判を決意したのだ。

IT部門が経営のスタッフ部門であることから、役員が比較的近くにいたこともあり、少々勘違いしていたのかもしれない。

直談判の結果は散々であった。「なんでもっと早く言わなかったんだ」と怒られるかと思いきや、「なんで組織を通して情報が上がってこないんだ」と上司の上司が怒られ、そして上司が怒られ、私が怒られた。

しかも数年後、性懲りも無く別の役員に直談判して、同じ結果になった。多少意識してもらえるようになった気はするが、それ以上の効果はなかった。直談判は、場合によっては自分の立場を悪化させかねないので、もし考えているなら注意したほうがよい。

日本企業でERP導入が進まない理由

「何を言っているのかではなく、誰が言っているかを重視するのは、組織の統制上、重要なことである。しかし、企業運営に必要不可欠で、全社横断的に影響する基幹システムの問題は別物であるはずだ。

そもそも企業にとって重要なIT環境についての情報が上がらないから、直談判という強硬手段を選択せざるを得ない状況になっている。それでも、私が悪いのだろうか」。当時の私はそんなふうに息巻いていた。

だが、こうも考えた。「いや、ちょっと待てよ、サーバーやシステムなどはこれまで、ボトムアップで導入されてきた。おそらく他の日本企業もそうであろう。IT化がトップダウンで行われていない以上、今さらトップにITの問題を伝えたところで何ができるのだろうか」。

誤解しないでいただきたいが、経営トップは何もできないという意味ではない。ボトムアップでIT化を進めてきたため、既存の業務のやり方とシステムが複雑に絡みあった状態になっており、経営トップでさえ改革が難しいのである。日本企業でERP導入が進まないのも、これが原因である。

> **アドバイス**　日本ではシステムはボトムアップ
> トップダウンでの改革は困難と心得よ

「ボトムアップにはボトムアップで対応するしかない。仮に直談判で情報が伝わったとしても、解決は期待できないだろう」。当時の私の結論だ。こんな無茶なことを2回もしでかしたのは、若かったせいもあるだろう。そんなことをしてもクビにならない、流動性の低い日本の雇用制度に感謝すべきかもしれない。

会社の規模が大きくなるにつれ、情報が上がりにくくなっていることは実感していたが、これほどまで上がらないとは思っていなかった。私が入社したときの従業員100人の頃のイメージとは違った。初代専務が「誰が何をやっているかを把握できるのはせいぜい300人までだな」と話していたことを思い出した。情報が伝わりにくくなるのは、経営層も認識している。

それなら経営者に直接話せば理解してもらえるかもしれないと思っても、私の直訴事件の顛末の通りで、そんな単純な話ではない。組織が大きくなると、組織運営を重視され、直接対話という例外的な行為が許されなくなっていく。それを許してしまうと、組織運営自体が崩壊しかねないからだ。

　もちろん、ITに関しては影響が大きい事から別扱いにすべきだと思う。だからこそ大企業などはIT部門を経営層の近いところに置く。中堅クラスの企業は、もしかしたら大企業の悪いところと小企業のデメリットの両方の問題を抱えているのかもしれない。

経営者はコンサルタントの話なら聞く

　平社員の話は聞かないが、それなりの肩書のある人の話は聞くという状況はよくあることだ。以前コンサルタントと仕事をしたことがあったが、同じ事を言っているのに、経営者は私の話は聞かないが、コンサルタントの話なら聞いた。

　そのときはコンサルタントから「経営者の説得は私がやりますので、技術的な部分はお願いします」と提案された。しかし、経営者には「ほら、コンサルに任せたからうまくいっただろう」と言われ、信頼関係の問題なんだなと思い知った。

　実のところ、コンサルタントの提案は私にとっても都合が良かった。自分の得意な技術を活かせて経験も積めるし、コンサルタントには一番面倒な経営層の説得や予算確保の領域を担ってもらえるからだ。結局、自分の思い描くシナリオ通りの環境を構築できることになった。ただ「最初から自分に任せてもらえれば、コンサルタントの費用も削減できたのに」とも思った。随分高い説明コストである。

　このとき、人はなぜ何を言っているかよりも、誰が言っているのかを重視するのかを自分なりに考えてみた。何を言っているのかを重視

するためには、それを理解できるスキルを身に付けないといけない。この場合なら、ITの知識を身につけることである。

しかし経営者としては、それを身につけることにあまり価値を感じない。コンサルタントのような"偉い人"が言っているんだから正しいとするほうが、都合が良いのであろう。ある意味正しいが、社員からすると信用されていないように感じてしまう。社員を信用しない人は、社員からも信用されないということを知っているのだろうか。

> **アドバイス** 会社では誰が言っているかが重視される

スクラップ・アンド・ビルドという言葉はご存知であろう。新しく作るために古いものを破壊するという意味で使う言葉である。ビルドは現場でもできるが、スクラップは権限がある人しかできない。しかも組織のスクラップは経営層でしかできないのだ。多くの企業でこれができないことで、成果の出ないIT部門が「生かさず殺さず」といった状態で放置されているのだろう。

スクラップによって何が起きるか分からないという不安はあるかもしれないが、新たな道を作りやすくなることは間違いない。もし自社の経営層がそこまで考えてIT部門を消滅させたのだとしたら、「破壊してやったから、後は任せたぞ」と一言伝えてくれたら、気持ち良く仕事をやれたかもしれない。

「全部一人でやればいいんでしょ」が全ての始まり

相変わらず社内は逆風である。いや、全く相手にされていない気もしたので、"無風"なのかもしれない。情報が上がらないだけではない。IT環境の立て直しに理解を示す人はいるが、協力を取り付ける

までには至らないのだ。「責任やリスクを負いたくない。文句を言う側にいたい。でも、システムはいつでも快適に使えないと困る」。周りの人の思っていることを想像すると、そんなところだろう。

　誰もがそれぞれの立場でのミッションがあり、「ITのことはIT要員でなんとかしてよ」と思うのは当然である。評価制度として成果主義が採用されているため、成果が報酬に結び付いており、皆それぞれ生活がかかっているのである。自分を犠牲にして他人のために協力するような奇特な人はいないと思ったほうがよい。

> **アドバイス** ： **会社では他人の協力を当てにできない**

　考えれば考えるほど、行動すれば行動するほど、うまくいく気がしないことばかり。壁が高すぎる。変えられないものが多すぎる。巨岩に立ち向かっているようである。打つ手もなく絶望的な状況に思えてくる。「何をやってもダメ、協力者もいない。もう転職しよう」。私はそう考えた。諦めきれない気持ちに対して「ここまでやってもダメだった。絶対に無理だったんだ。だから辞めよう」と自分を納得させる理由が欲しかったのだ。

　だが不思議なもので、そう考えた途端、気持ちが大きくなり、「どうにでもなれ」と開き直ってしまった。もう辞める気なので、怖いもの無しである。予算が無くて外部委託もできないし、社内の誰からも協力も得られないなら、「全部自分一人でやればいいんでしょ」。これがひとり情シス、そしてその先へとつながる始まりであった。

　誰もがシステムで不都合があると「システムが動かないと困る」とか、「データが出せないと業務が回らない」などと言うが、そんな重要なシステムの面倒を見ていたIT部門の立て直しに、協力してくれる人はいない。IT部門がどうであろうと、ユーザーにとっては自分

の仕事を全うするために、システムが使えればよいと考えているだけである。

能力成果主義では、他人のことより自分のミッションを優先するのは当たり前と言えば当たり前である。私自身ががんばっても評価につながらず、低い評価が長く続いたせいで、評価やミッションに対して無頓着になっているのかもしれない。

しかし、自動化したい時やシステムが欲しい時は、誰もが近寄って協力を求めてくる。居候する部門の仕事については皆で協力しようと言われ、その一員として駆り出される。しかし、こちらが困っている時は誰にも協力してくれない。

公平・平等という名の下に、居候する部門でいいように使われている気がしてならなかった。居候なんだから仕方がないと言われればそれまでであるが、そんな状態だからどんどん忙しくなってしまう。結局そのしわ寄せはプライベートの時間に及ぶようになるので、常に不公平感があった。

「もうどうにでもなれ」で気持ちが前向きに

普通の人ならとっくに転職しているかもしれない。私の場合、大変な中にもこれだけの規模の環境を一人で見ているという、自己満足のようなものもあったので、がんばり続けてしまったようだ。しかし、がんばってきただけに限界を超えたときの反動は大きかった。「もうどうにでもなれ」と思った途端に一気に楽になった。これまで必死に障害が起きないようにしてきたことも、どうでもよく感じた。

実はこれが、私にとって必要なことであった。精神的に追い詰められている状態で、冷静な判断ができず、周囲が見えていなくなっていたのだ。この開き直りを境に状況が変わっていくことになるが、どうでもよいと思う気持ちが、肩の力を抜き適当に手を抜くことにつなっ

たのかもしれない。

　そして、転職に向けてできるだけスキルアップしておこうと、前向きな気持ちになったことも影響したかもしれない。これまでは協力してもらえないと思っていたが、もしかしたら協力してほしいという気持ちが前面に出過ぎて、周囲の人に引かれていた可能性もある。

　後で気づいたのだが、自分を追い詰めていたのは自分自身だった。これまでは他の人が担当だったサーバーやシステムがどうなろうと気にならなかったが、全てのサーバーを抱えたことで「やらないといけない」「IT部門は重要だ」「システムを止めてはいけない」という意識が強くなっていったのだろう。

> **アドバイス** 自分を追い詰めているのは自分自身
> 気持ち一つで大きく変われる

　この開き直りも自分自身を客観視する重要な機会であった。普段「無理」「できない」と安易に使っているが、これも自分自身で思考を停止させる言葉なのだろう。気をつけよう。結局はうまくいくか、いかないかは自分との戦いなのである。

動かない人や組織より、命令通りに動くコンピュータ

　一人でやると決めたら、全てがスピーディーに進む。なにせ自分が動けばよいのだから。

　まずは思いつく課題や問題を紙に書き出してみた。何でもよいから気になることを書き出したのだ。私はイメージが固まるまでは紙を使うことが多い。「古いなぁ」と思われるかもしれないが、私はエンジニアであるがデザイナーやアーティストでもあると思っている。だから頭の中のイメージを描きたくなるのである。ITやシステムもデザインが重要なのだ。

紙に書いたものを眺めているうちに、なんとなく見えてくるものがある。うまくいかない原因の多くは人や組織、ルールやしがらみである。他人の意識や行動を変えることは困難であり、組織のルールを変えることも難しい。

一方、コンピュータは命令する人の地位や肩書、ルールに関係なく、24時間365日忠実に命令を実行してくれる（図6）。たとえ命令が間違っていたとしてもだ。コンピュータを動かすにはプログラミングが必須であるが、もし人に頼まないとプログラムが作れない状態だったら、ここで足踏みしていただろう。だが、私はプログラムを書けるエンジニアだ。

変えられないものは、無理に変えようとしなければよい。うまくいかない原因を避けることができれば、少しでも前に進むことができるのではないだろうか。その手段は半ばやけくそで言った「一人で全部やる」ではないかと考えた。自分の中で閉じた形になれば、自分の努力次第で成果は無限大のはずである。

経営トップに情報が上がらないならそれでよい。判断・決断が下らないなら、自分が決断すればよい。誰もが責任を負いたくないなら、自分が責任を取ればよい。結局自分が尻拭いするところは変わらない

図6　人や組織と違い、コンピュータは命令どおりに動く

のだから。

　幸い、サーバー室には、古いが自由にできるパソコンやサーバーが
あり、環境としては悪くない。部下や協力者がいなくてもコンピュー
タが味方につくなら、十分ではないか。この会社での最後の挑戦と腹
をくくり、一人での運営の決意を新たにした。

　知らない技術は勉強すればよい。インターネットには先人たちが残
した貴重な情報がたくさんある。早速、現状の課題とは何か、一人で
運営するとはどのような環境か、そもそもどうあるべきかなどを、具
体的な作業項目としてリストアップした。

上司にダメと言われたら終わり

　ちょうどこの頃、人の心理や集団行動などに興味を持つようになっ
た。心理学は大学のとき一番嫌だった授業の一つだった。ところが、
同じ会社に長くいると個人の性格や会社の文化などが見えてくる。そ
れらを冷静に捉え心理学に当てはめていくと、いろんなことが分かっ
てくる。

　「このプロジェクトはきっとうまくいかない」「この先はきっとこう
なるだろう」「この人を味方につければ、うまくいきそうだ」といっ
たことが予想でき、高い確率で当たるようになったのだ。最初から失
敗が予想される場合は、無駄に時間を費やさないようにすることで、
作業の効率化が図れるし、精神的ストレスからも解放された。

　一人でやると言っても、所詮は組織の中の一人である。そこで重要
なポイントがある。「ダメと言われないようにすること」「味方にした
ほうがよい人の見極め」「敵に回してはいけない人の見極め」である。
サラリーマンなので上司にダメと言われたら終わり。ダメと言わせな
いやり方を考える必要がある。

　例えば、効率化のためにシステムを作りたいと思ったとき、作る前

に許可を求めたら却下されるかもしれない。しかし、ある程度作って実際に動くものを見せることで、却下される確率は大幅に下る。自分の本来の業務をこなしながら、それをやるのは大変だが、時間を確保するために自分の作業の効率化も進むので、実は一石二鳥なのである。

社内のIT環境とキーパーソンの掌握法

　何かをやろうと決めたのはよいが、何から手を付けてよいか分からないことがよくあるだろう。それは、頭の中で整理できておらず、まだ理解できていないものがあるからだ。

　そんな状態ではいくら考えても答えは出ない。複雑なものほど頭の中だけで考えるほうが効率が良いのは確かだが、それはある程度整理されている状態の時の話である。まず、思いつくがままキーワードを紙に書き出してみよう。自分が置かれている状況、関係者とその役割、システムの状況、良いところや悪いところなど、キーワードはいくらでもあるはずだ。

　書き出したキーワードで似たようなものをまとめたり、矢印をつけたり、障害になっているものに色をつけたりしているうちに、徐々に見えてくるはずだ。よく分かっていない部分や、思い込みや勘違いが明らかになってくるはずである。

> **アドバイス** 頭の中が整理できていないと進めない
> まずは紙に書き出そう

　書き出すことは、自分が置かれた状態を客観視して、正しい判断を導き出すための作業でもある。よく分かっていない部分はすぐに調べて、分かったことを追記していく。すると、うまくいかない原因の多くが、人や組織、ルールやしがらみ、思い込みといったことに由来し、障害になっていることに気づくはずである。

組織の中で仕事をする上で、一番扱いが難しいのは人である。しかし、組織の中で仕事をしている以上、人との接触は避けられない。人をうまく扱えれば推進力になるが、そうでないと障害にさえなる。これまで上司に情報を上げたり、協力や理解を求めたりしてきたが、どれもうまくいかなかった。

だから、変えられないものや障害となるものは徹底的に避けようと考えた。協力してもらわなくても、理解されなくても、説得しなくてもうまくいく方法を考えたのだ。全て「自分事」になれば、全て自分の責任であり、失敗しても反省が次につながる。

自社のIT環境の調査も技術の勉強になる

キーワードの書き出しと同時に、自社のIT環境の全体図を作ってほしい。最初は細かくなくてよい。どんなシステムがあって、どんなふうにつながっていて、どんなデータが格納されているか程度でよい。そこに、利用者と業務を追記していく。分からないところは自分で調べて追記する。それを繰り返していくうちに全体図ができるのと同時に、自分の頭の中に入る。

IT環境の調査も技術の勉強である。調査しているうちに、調べるポイントが分かってくる。例えばWindowsなら、タスクスケジューラー周辺、インストールされているアプリケーションと設定、レジストリ、共有、ネットワーク設定などを見れば、だいたい何の目的のサーバーか分かるはずである。

Linuxもcronや待受ポート、init.dなどの設定を見れば、ある程度は想像できる。後はアカウント名やファイル名などから関係者を予測して、聞いてみることだ。有効なヒントをもらえ、意外な助っ人を見つ

けるかもしれない。

　調査ついでに、バックアップなどの状況も調べる。中には、バックアップされていないものさえあったりするので、調査ついでに作り込んでしまうこともあった。これを、いちいち上司に作業の許可を求めていたら、時間がいくらあっても足りない。そもそもITに詳しくない上司だとしたら、聞かれても困るだろう。

　自分の武器となるコンピュータの状況調査も欠かせない。使えそうなパソコンやサーバーを把握しておこう。古くて性能が出なくてもよい。例えば、その上でシステムを構築して「サーバーを買えば本番運用も可能だと思います」と言えば、新しいサーバーを入手することにつながるかもしれない。

　自分事になれば、自分の都合で進められるし、自分の努力が成果に直結する。足りない知識は学べばよい。味方はコンピュータとITの進化だけあっても相当な戦力だ。答えはインターネットに残された先人たちの知恵が教えてくれる。

　徐々に情報が集まって頭の中で整理されていくと、次に何をすればよいか答えが見えてくるはずである。状況を正確に捉えることこそ成功の鍵なので、状況調査に手を抜いてはいけない。失敗するパターンの多くは、現状把握や状況調査がきちんとできていないのに、先走ってしまうことにある。

積極的に仲良くなったほうがよいキーパーソン

　他人との接触を避けて一人でやれといっても、人との接触をゼロにはできない。むしろ、ひとり情シスがうまく回り始めると、人との接触が増えていく。

人と接触するときに、頭に入れておくと役に立つものがある。人の心理や集団行動の知識である。これはエンジニアに限らず学んだほうがよい。無意識に近い人間の心理や行動を学ぶことで、うまくやるテクニックを身につけることができる。これは営業担当者では当たり前のようで、インターネットで簡単に情報が取れる。これはもっと早く知っておけば、こんなに苦労しなくて済んだかもしれない。

> **アドバイス** 心理や集団行動の知識は身につけよ
> ひとり情シスの運営に役に立つ

　人と接する中で、積極的に仲良くなったほうがよい人がいる。それは経営層や上司ではない。経理担当者と業務担当者だ。担当と言っても単なる作業者ではなく、中心もしくはそれに近いところにいる人である。実際の数値データを扱う人なので、大抵は課長以下であることが多い。

　ITにはお金が付き物ので、経理とは切っても切り離せない関係になる。例えば数年に一度のリプレースを行う際、計画された時期にそれを実施できるか、その時期にお金を使えそうか、といった情報を得なくてはならない。高額設備の購入の場合は、少なくとも2年くらい前から情報を得ておく必要がある。

　仲良くしていると、ヒントをもらえるようになる。これがかなり重要。経理にとっても中長期計画や資金繰りの試算をする際に、金額が大きいものは早い段階で情報があると助かるようだ。

　本来はIT部門の組織長やCIO（最高情報責任者）から上がるだろうが、IT部門が消滅したので自分で上げるしかない。事前に経理に情報を与えることで、うまくやるための時期やヒントをもらい、場合に

図B　重要な全社のIT環境の調査とキーパーソンからの情報

よっては経理の都合を考慮してスケジュール変更することもある。ひとり情シスと言っても単なる担当の意識だと、悲惨な状態から脱却できない（図B）。

　例えば8月に高額の設備を購入したいとして、経理に相談する。すると、どこの会社でも同じだろうが、株主配当後で、さらに社員のボーナスで現金が少なくなるという話を聞かされるかもしれない。その上で、資金面で都合の良い時期などを教えてくれたり、リースやレンタルという別の買い方とそのメリットデメリットなどを教えてもらったり、金利の安い業者も紹介してくれたりするかもしれない。

　そうやって事前に障害になりそうな事をつぶしていくと、高額な設備であっても手に入れやすくなる。さらに老朽化が加わると投資のハードルが下がる。こういった情報を入手したことも、ひとり情シスをうまく回すことにつながった。ただ何度も言うが、本来はIT部門長やCIOがやることである。

そうは言っても、経理に突然「情報ください」と言っても、情報を出してもらえるはずがない。普段からギブ・アンド・テイクの関係を作っておく必要がある。

そのために、経理が便利に使えるようなツールやシステムを構築し、提供してきた。経理が必要とするデータを作っている部門向け自動化やシステム化も実施した。こうすることでデータがスムーズに流れ、経理に感謝されるようになった。地道な活動によって、経理にIT投資は必要だと認識してもらえれば、予算検討の際にIT投資に関して助言してもらえるようになる。

事業部門から協力を依頼させる

基幹システムを使用している業務担当とも仲良くしたほうがよいのは言うまでもないだろう。こちらも単に作業をしているだけの人ではなく、管理をしているだけの人でもない。全体を回している人である。結局、経理の源泉となるデータは基幹システムにあり、そのシステムを回しているのは経理か業務担当であるはずだ。私は経理と業務の中心となる人を見つけ、仲良くなることができた。居候としてスタッフ部門を転々としたことが幸いしたわけだ。

> **アドバイス** 経理と業務のキーパーソンと仲良く
> 仕事がうまく回るようになる

後は上司にダメと言われないようにすることに注意したい。単純な事であるが、ダメと言いにくい状況を作ればよい。

例えば、事業部門から業務システムを構築して自動化したい要望があったとする。通常は計画書を作って上司のところに持っていくかも

しれないが、忙しい状況だとそんな暇は無いと却下されるだろう。そんなときは、プロトタイプを作って事業部門の担当者に見せるのだ。それだけならパソコンでもできるだろう。それを事業部門の担当者がその上司に見せて効果を訴えると、たいてい私の上司経由で話が来る。場合によっては、経営層に話をしてサーバーの購入にまでつながることもある。

　ある程度形になっていることで、あと少し感が伝わり、ここまでできているなら正式に協力を依頼しようと話が進むのだ。事業部門から協力をお願いされたら、上司も断りづらいはずだ。これを実現するために、必要な技術を学んできたのだ。やみくもに流行りの技術を学ぶのではなく、目的を実現するために必要な技術を必要な分だけ学ぶのが、効率の良い勉強方法なのだ。

第**4**章

組織でできない事が
一人ならできる

IT環境の立て直しに向けリストアップした具体的な課題や作業は、大小さまざまで200を超えた。それらを解決するために必要な知識やソフトウエアは、インターネットで入手できる。商用製品ですら条件次第で無償で使える。なんてすばらしい時代になったんだろう。ITの進化は圧倒的な追い風である。

無償の仮想化ソフトでサーバー集約

　正直なところ、心の底では「一人で全部やるなんて無理だ」と思っていた。

　しかし、やってみたら意外にできてしまう。課題の中で特に重要視していたのは、200台もの物理サーバーを減らすことだ。老朽化したサーバーは性能も悪く、一度障害を起こすと復旧に時間も労力もかかる。IT機器は7年も過ぎると部品の調達が困難なものも多いため、早急な対策が必要である。

　物理サーバーを減らしたいとなると仮想化技術の出番である。当時、世間では仮想化ブームが一段落して、仮想化ソフトウエアの品質も安定し、商用製品も条件付きで無償提供していた。世間からは一足遅れであるが、その分、情報も多く一人での運営にとってはベストなタイミングであった。

　無償ならハードルが高い予算確保の苦労もないし、サーバーをやり繰りするなら今すぐにでも始められる。もし200台のサーバーが20台になれば、障害の頻度も10分の1以下になり、一人でも全サーバーを運営できるのではないかと考えるようになっていた。

　いくつかのサーバーを仮想化し、「これはイケる」と手ごたえを感じていたが、古いサーバーをやり繰りしているため、1台の物理サーバーでせいぜい2〜3の仮想サーバーを動かすのが限界だった。昔は

1台の物理サーバーに32ビットOSを一つインストールするのが普通
だったので、CPUもメモリーも力不足であり、集約率が上がらない
のが課題であった。

　とはいえ、2分の1、3分の1になるだけでも十分な価値がある。さ
らに、仮想イメージファイルを保存しておくだけで、システムを丸ご
とバックアップできる。システム丸ごとスナップショットを取れば、
何度もやり直しができるのは画期的であった。

一人の作業で気づいたIT部門の無駄

　一人で作業をすることで、これまでの無駄にも気づく。会議・打ち
合わせ、進捗管理や各種ドキュメントの作成にかなりの工数をかけて
いた。異常が無いことを日々確認する作業も無駄である。納期に余裕
があると、なぜか何度もやり直しをさせられたりしたことも無駄。な
ぜ自動化、簡素化しなかったのだろうかと思うことも少なくない。IT
部門が存在した当時は、そんなことを考える余裕がなかったのかもし
れないが。

　全てが無駄とは言わないが、IT部門の歴史の中で本来の目的を見
失い、それをやること自体が目的になっていった可能性が高い。IT
部門の消滅により、過去のやり方、しがらみなども一緒に消滅したた
め、一人での運営がやりやすくなっていた（図7）。過去を引きずり
ながら中途半端に衰退して苦労するより、全て消滅してゼロから再ス
タートしたほうが、うまくいくのかもしれない。

　まず課題を洗い出すことが必要である。目に見える形にすること
で、より現実感が増す。私は普段の作業の中で気になることは記録し
ておくようにしていたので、すぐに次の行動に移ることができた。
「課題を洗い出して」と急に言われても、すぐには対応できないので、
普段から気になることは記録する癖をつけておいたほうがよい。

図7　IT部門の消滅と同時に、しがらみなども消滅

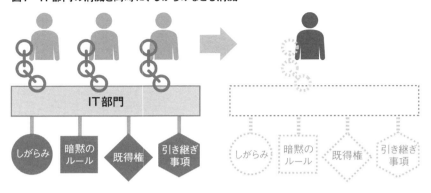

> アドバイス：課題を洗い出して整理し
> 方向性を決めて個々の課題に取り組め

　200を超えた課題を分類し、負荷が高い順に並べると次のようになった。順番はその時の状況によって変わるが、内容自体はどこの会社でも同じではないだろうか。さらに、これに大まかな方針を決めて記載した。その方針に従って個々の対応を考えていった。方針を決めることで個々の作業の判断がしやすくなる。

1）端末系のサポート
　主な課題：ユーザー数が多い、台数が多い、故障率が高い、至急度
　　　　　　が高い、技術の陳腐化が早い
　方針：外部委託
　備考：社員がやる価値は低い。端末はサーバーで統制可能

2）サーバー障害・システム障害、サーバーリプレース・システムリプレース

主な課題：老朽化が進む、作業効率が悪い、障害発生時の負担大、
　　　　　　管理者の不在多数
方針：仮想化、集約
備考：物理サーバーを減らす

３）データベース運営、マスター管理

主な課題：システムごとにデータベースが存在、メンテナンス作業
　　　　　　の効率が悪い、不安定
方針：統合、データベース連携、Linux化
備考：バージョン統一、チューニング禁止

４）日々の定型業務

主な課題：手作業が多い、ミスが多い、形骸化
方針：自動化、システム化、簡素化
備考：まずやめることを前提に考え、困るものをどう残すか検討

５）ユーザー問い合わせ、クレーム対応

主な課題：とりあえずIT部門に聞くという流れ
方針：本来の姿に
備考：便利屋から脱却。システム障害を減らすことが先

６）システム開発、ベンダーサポート

主な課題：ITベンダーと依頼者の中継役
方針：サポートに徹し依頼者を主体に、内製力を強化
備考：内製強化でちょっとしたシステムではITベンダーを不要に

　この方針に従って個々の作業を行うことになるが、作業する上で何

が必要になるかを把握する必要がある。

例えばデータベースの知識や経験が無かったり、仮想化技術の知識が足りなかったりするのであれば、新たに勉強しなければならない。しかし、すぐには身につくものではないので作業と並行して勉強する必要がある。勉強は通勤時間やプライベート時間でもできるので、自分が持っていない武器を早い段階で把握しておくことが重要だ。

> **アドバイス** 自分が持っていない武器（技術）を
> 早い段階で把握せよ

課題解決に必要な二つのスキル

これらの課題を解決するために必要な技術やスキルは何かを考えると、大きくは二つに集約できる。一つは仮想環境に関するスキル、もう一つは業務システム構築のスキルである。それだからこそ「まず仮想環境とプログラミングスキルを手に入れろ」と最初に述べたのだ。

必要なものを列挙しそれを掘り下げていく。その上で、自分ができない項目を徐々に減らしていけばよい。知識を学んだら○、実際に作業をしてうまくいったら◎といったように書き込んで、全てが◎になるように管理するなど、自分で工夫してほしい。それが可視化されることで、進捗状況も見えて達成感にもつながっていく。頭の中を整理することにもつながり、全体を見る力も養われるはずだ。

ポイントは、あまり細かくしすぎないこと、例えばUPS（無停電電源装置）などはきちんとやろうとすると、障害発生時に順番にシャットダウンさせるための仕組みなどを作り、うまく動作しなかったときのことも考慮して…など、非常に複雑だ。しかし、そんなことは後でもよい。今の目的は自分の勉強のためである。

UPSの話が出たついでに、障害発生時について私の考えを述べさ

せてもらうと、私の環境ではきちんと落とすことは全く考えていない。以前はその環境も整えていたが、想定外の事態があり、いざという時にきちんと動かなかったからだ。そこで最悪の事態にさえならなければよいと考えている。

最近のサーバーはズドンと落としたとしても、そう簡単には壊れない。そんなことはメーカーも想定済みだ。データベースも中途半端な状態で落ちても、次の起動時にはロールバックしてくれる。停電になれば外部からのアクセスが断たれる。そうすればサーバーの負荷は下がる。その状態で落ちるならばファイルが壊れるなどのリスクも大幅に減る。

> **アドバイス**　「絶対に障害を起こさない」より
> すぐに復旧できる環境を目指せ

中堅企業の社内のシステムであれば、その程度でよい。絶対落ちないシステムを目指し過剰にコストをかけ、複雑になって手も足も出せない状態よりも、シンプルなつくりで、落ちたときに自分たちですぐ復旧できる環境のほうが、コストもかからず現実的だと思う。

ちなみに災害があったとき、ITベンダーのサポートには期待しないほうがよい。ITベンダーも優先度をつけているはずで、中堅中小企業なら間違いなく後回しになるだろう。そういった意味でも、自分たちである程度のことができるようになっていることこそ、本当のBCP（事業継続計画）対策だと思う。災害時には自分も生きているかどうかも分からないわけでもあるし。

一人で仮想環境や業務システムを立ち上げるために必要なスキル、キーワード、ヒントを表にまとめた（表1、表2、表3）。これらの情報を頼りに自分で調べて身につけよう。

昔は分厚い技術書を頭から読みはじめて、挫折したことが何度も

表1　仮想環境を立ち上げる（物理サーバー）　※機材調達に関する社内調整などは含まず

ストレージサーバー		
	機種選定、容量試算、コスト試算	NFSとCIFSの共存、Active Directory連携、保守費用、管理ツール、規模が大きくなるほどスケールメリットの恩恵
	設置、環境構築	データ移行、ミラー設定、スナップショット保持期間、データを抱える重要機器なので設置と基本的な設定は業者に任せてもよい、ストレージの基礎知識、基本操作や基本コマンドは業者に教えてもらう
ネットワークスイッチ		
	環境調査	上位スイッチ状況調査
	機種選定・コスト試算	ポート数、クラスター、コネクタ・ケーブル（SFP+、DAC、RJ45）、トランシーバー
	環境設定	VLAN、二重化、難しい設定は業者に任せたほうがよい、基本操作や基本コマンドは業者に教えてもらう
UPS		
	電源容量計算	供給元電源確認、保持時間試算
	機種選定・コスト試算	高価だが常時インバーター方式が理想
	設置、設定	停電時動作設定、PC・照明機器・扇風機なども接続できるようにしておく
ホストサーバー（ESXiサーバー）		
	スペック・コスト調査、見積り	ネットでスペックと定価調査、SFP+10GLAN、SAS/SATA、ソフトウエアライセンスなどを考慮してCPUコア数決定、メモリーはCPUコア数とのバランス、電源二重化、電源ケーブル追加、電圧・電源容量、リモートアクセスライセンス、DVDドライブなしの場合USB外付けドライブ調達、キーボードモニター&切り替え器（専用ケーブルも）
	設置	ラックマウント、LANケーブル
	仮想ソフトインストール	ESXiライセンス・メディア（ISO）入手、VMwareサイトで自分のライセンス情報確認、RAID構成は自分で、インストール、環境設定（サーバー側作業、クライアントからの作業）、接続動作確認
	統合サーバー立ち上げ	vCenterサーバーを構築（アプライアンスでよい）、クラスター、HA設定、EVCモード設定、ホストサーバー（ESXi）紐付け、動作確認、vMotion、Storage vMotion
サーバー室		
	空調、電源、LAN	気温下げるより風を強め、100Vと200V、NEMA
	セキュリティ	設置場所都合
	作業環境など	作業PC、遠隔操作用PC、照明、工具（ドライバー、トルクス）、安全靴、消化器（サーバー用）

組織でできない事が
一人ならできる | 第4章

表2　仮想環境を立ち上げる（仮想サーバー）

物理サーバー仮想化（P2V）	
VMware vCenter Converter	操作方法、サーバー管理者アカウント・パスワード、変換時間見積もり、P2V後のネットワーク設定、Windowsでcドライブ容量拡張ができないパーティションの場合はP2V時にcドライブ容量を増やすなどの対策必要、P2Vツールはバックアップにも便利
新規仮想サーバー立ち上げ	
vSphere Client / Web Client	基本操作、OSメディア入手・仮想環境にアップロード、仮想サーバースペック設定、インストール、スナップショット管理（スナップショットが存在するとディスク容量増ができないので一時使用が原則）

表3　業務システムを立ち上げる

DBサーバー構築	
OSインストール	CentOS入手、インストール、環境設定
データベースインストール	Oracle Database11gXE入手、環境設定、Enterprise Manager
	※有償はライセンス条件に注意
環境設定	バックアップ仕掛け、自動起動
Webサーバー構築	
OSインストール	CentOSインストール、環境設定
Webサーバー立ち上げ	Apacheインストール、httpd.conf、自動起動
PHPインストール	PHPインストール、php.ini
データベース接続	Oracle Clientインストール、tnsnames.ora
Webアプリケーション開発（認証、メニュー、参照系画面、更新系画面）	PHP、HTML、JavaScript、CSS、SQL、Ajax（C、Bash、Linuxコマンドなども扱えれば便利）

77

あった。いまだに高価な技術書が何冊もきれいな状態で残っている。今はインターネットがあれば、勉強も必要なソフトウエアも全て入手可能である。何でもできる時代なのだ。

まず、簡易版でもよいので仮想環境を作ってみることだ。性能は二の次でよい。実際にシステムを作って動く状態になればイメージも湧くはずだ。頭で考えるだけでなく、実際に手を動かして勉強したほうが理解が早い。まずやってみて、なんとなく見えてきてから勉教し直すほうが効率も良い。

今は次のような追い風が吹いているが、いつ風向きが変わるとも限らない。追い風のうちにどんどん前に進んだほうがよい。

ITの追い風
・技術の進歩で、高度な技術知識が無くてもITが利用できるようになった
・フリーソフトの機能と品質は向上、商用製品も条件次第で無償で使用できる
・先人たちの知恵・ノウハウはインターネットで容易に入手できる
・仮想化技術による自動化、簡素化で物理的制約から解放される

その他の追い風
・一人しかいないことにより、自分のペースで進められ、無駄な打ち合わせも大幅減
・古くても自由にできるパソコンやサーバーは、24時間命令通りに動く強力な助っ人
・予算確保のハードルが高いということは、内製の価値も高いということ
・IT要員が増えないために、この先も自分の思いを実現できる

組織でできない事が
一人ならできる | 第4章

老朽化サーバーがお宝に変わった理由

　作業は順調に進んでいるが、空いた時間やプライベートの時間で対応しているため歩みは遅い。構想や設計など考える部分はプライベートの時間を使い、会社では会社でしかできないことに集中して時間を有効に使う日々が続いた。

　その間も、サーバーの老朽化は進む。10年以上も経過しているサーバーはいつ壊れてもおかしくない。部品が二重化されていないサーバーもざらにある。そんな「お荷物サーバー」が何十台もあり、誰も近寄ろうとはしない。サーバーの老朽化はさすがに自分の努力では解決できないため、投資を得て解決する必要があった。

　そんなあるとき、投資が難しい状況であっても老朽化対策のための予算は比較的通りやすいことに気づく。これをうまく利用できないだろうかと考えた。しかし新しいサーバーを買ったとしても、古いOS用のドライバーが無いためインストールができない…。

　実は、そんな心配も無用だった。仮想化の素晴らしさは既に理解している。今さらサーバーに直接OSをインストールすることはない。もともとサーバーの仮想化が普及したきっかけは、古い物理サーバーやOS、システムの延命だったので、これは仮想化技術にとっては得意分野である。

　予算取りの作戦はこうだ。放置されている老朽化サーバーをあえて自分の管理対象であると宣言し、そのうちの6台を老朽化のためリプレースするという予算を上げる。例えば1台100万円相当で6台で600万円だ。作業は全て自分で行うので作業費は発生しない。予算はできるだけ機材に回すことで、ハイスペックで大容量のPCサーバー2台を購入し、ホストサーバーに仕立て上げる。6台どころか20台は仮想化できる環境の出来上がりというわけだ。

一人なのだから200台のサーバーは既に管理下にあるのではないか
と思うかもしれない。しかし、そうではない。全部一人でやると決め
たのは自分の中だけの話であり、会社としては担当がいなくなった
サーバーは宙に浮いた状態である。だから自ら「私が管理します」と
宣言する必要がある。こうした細かい対応も、後でもめないために重
要である。

　箱で届いた新品サーバーをラックマウントするときにワクワクした
ことや、シナリオ通りにシステムが動くかドキドキしたことを思い出
す。そして完成した時の達成感。ゼロから起ち上げたことで得られた
知識と経験は、エンジニアにとって一番の報酬である。

　このような投資を何回か行うことで、60台の物理サーバーが8台
にまで集約されていた。しかも環境に十分な余裕ができたため、開発
や検証に使えるリソースも確保でき、それが作業効率の大幅アップに
つながっていた。

　誰も近寄ろうとしなかった老朽化サーバーが、まさかお宝に化ける
とは誰も思わなかっただろう（図8）。範囲や役割の拡大により作業
負荷が増すかと思いきや、選択肢が増えたことで効率化が進む結果と

図8　お荷物の老朽化サーバーも工夫次第でお宝に

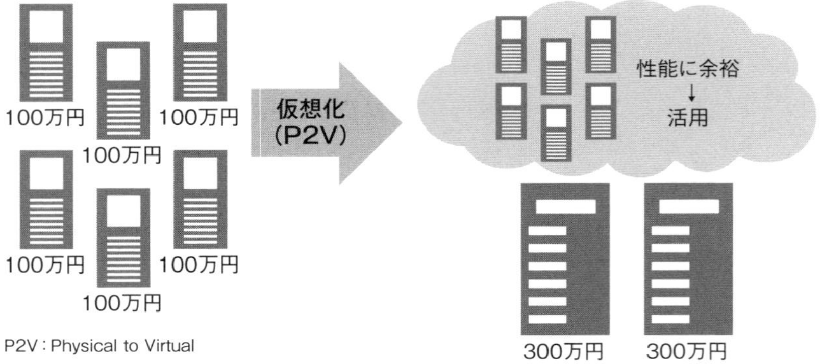

100万円　100万円　100万円

仮想化
（P2V）

性能に余裕
↓
活用

100万円　100万円　100万円

P2V：Physical to Virtual

300万円　300万円

なった。ITが進化して、様々な作業が一人でできるようになってきたことで、担当分けや分業の意味が無くなりつつある。

　予想外だったのは、故障率や障害発生率の低減。物理サーバー60台が8台に集約されたので、物理的な障害は7分の1程度になると考えた。システムはそのまま仮想化したので、ソフトウエアの障害は減らないと思っていた。しかし、実際は物理的な障害とソフトウエアの障害を合わせても、感覚的には30分の1、いや50分の1以下だ。

> **アドバイス**　物理サーバーを仮想化するだけで
> 信頼性と柔軟性が向上

　購入から7年後の今でも、ほとんど障害無しである。コストを下げるために機材をケチるという近視眼的な対応をしなくてよかった。7年経った今、しみじみとそう思う。

> **アドバイス**　保守終了の先まで考慮して
> サーバーのスペックを決める

「老朽化によるリプレース」ならOKが出る理由

　IT投資が抑制されている状態でも、老朽化リプレースの投資は通りやすいというのには理由がある。一つは心理的な側面、もう一つは経理的な側面である。

　まず心理的な側面であるが、人は自分が所有しているものには高い価値をつけるし、失うことに恐怖を感じるという二つの心理効果がある。その相乗効果により、老朽化リプレースが他の投資よりも通りやすいという状況を生み出すようだ。今動いているサーバーを無くす判断ができないし、したくもないという意識が働く。

　経理的な側面についてであるが、新しいものを構築するときは将来

のための設備投資という意識があるが、老朽化リプレースは必要なコストと見られている。例えて言うなら、ビルが老朽化してきたので修繕をするという感覚に近い。つまり、投資するか否かという判断の問題ではなくて、お金を出すしかない必要経費という発想になる。

　そんなわけなので、サーバーなどのリプレースの際は必ず「老朽化」というキーワードを目立つところに記載することをお勧めする。別に嘘を言っているわけでもないし、だましているわけでもない。

> **アドバイス：IT投資が抑制されていても**
> **老朽化リプレースは通りやすい**

　重要なことは、通りやすい「老朽化によるリプレース」の機会をどう活かすかである。普通にリプレースしても意味がない。考えた末に出した結論は「老朽化したサーバーを6台まとめることで金額を大きくして仮想環境を作り、性能に余裕を持たせる。その余裕を使って自由にサーバーを構築する環境を手に入れる」というシナリオだ。誰も寄り付かない老朽化サーバーは1台だけなら厄介者だが、複数集めればお宝になることもあるのだ。

サーバー集約だけが仮想環境の利点ではない

　私がサーバーを買うときに考慮していることを、いくつか列挙する（表4）。最近は、データはストレージに任せており、ホストサーバーもだいぶクセが無くなり買いやすくなっている。当時とは少々状況が違っているが、少しは参考になると思う。

　サーバーはWebサイトでスペックを選択すれば定価が分かるので、後はITベンダーの掛け率次第だ。不毛な相見積もり合戦から販売パートナーを守るためか分からないが、最近はサーバーメーカーの調整が入るようで相見積もりを取ることの意味が薄れている気がする。

組織でできない事が
一人ならできる | 第4章

表4　PCサーバー購入時に考慮すべきこと

	考慮事項	補足
HDD	SATAモデルよりSASモデル	性能もよいし、保証期間が違うので長期に使える
	RAIDカードで性能が変わる	本当はストレージサーバーに任せるのが一番
	HDDは多めに買って予備に	8本なら、5本でRAID＋スペア＋予備2とか
	HDD容量が大きいと、障害時の再構築に時間がかかる	仮想ホストに極力データは持たせず、ストレージに任せたほうがよい
	HDD返却無し保守サポート	会社の情報セキュリティの方針次第
CPU	コア重視かクロック重視か	コアライセンスのソフトウエアが増えてきたので、最近はできるだけ高クロックでコア数をあまり増やさない方向
	割安感のあるものは変動する	CPUの価格幅は大きい。コアライセンスとのバランス
	1CPUより2CPU	Windowsライセンスや集約率も考慮
全体	サーバー購入の目的を明確にする	最近は仮想環境のホストサーバー目的で買うことがほとんど
	1台より数台まとめて値引き交渉	投資規模を大きくする工夫が必要
	サーバーは同じものを複数台買う	部品が流用できるので部品調達が困難になっても安心
	後から部品を追加しない	値引きが大きいのは最初だけ。後から追加はリスクも伴う
	作業費は極力かけない	何でも自分でやることで経験が得られスキルアップも
	電源は二重化でランクアップ	ワット数に余裕があるほうが長持ちする気がする
	10GLANカード追加（SFP+）	例えば10GSFP+のカードと1GのRJ45トランシーバーを買っておけば、1Gスイッチにも10Gスイッチにも使用できる。
	仮想ホストでSSD化は基本不要	バックアップが面倒な仮想ホストにはデータを持たせないのが基本。データの管理はストレージサーバーに任せたほうがよい。ただし、高性能ディスクが必要なときはSSDもあり
	ラックマウント1U	データを持たない仮想ホストで2Uは不要。最近は1Uでも冷却性能の問題なし、ただし何台も集まると排気側の換気が重要、ネットワークスイッチの排気は通常逆なので、サーバーと熱のキャッチボールをしない対策を

83

物理サーバーや仮想環境の構築作業は自分でやることで、コスト削減とスキルアップを図るだけでなく、そこで学んだことはITベンダーにフィードバックしてあげよう。

　ギブ・アンド・テイクだ。そういったことを繰り返すことで、ITベンダーと信頼関係ができ、いろいろな情報を提供してもらえるようになる。さらに、手間のかからない客と思ってもらえれば、ITベンダーはその分のリスクを価格に乗せる必要が無いので、安くしてくれる可能性もある。

　仮想環境は実際に触ってみると、そのすばらしさが分かる。単なるサーバーの集約だけの話ではない。障害も激減し、柔軟性も高まった。そうした利点を以下に列挙してみた。

1）信頼性向上

- 仮想ソフト標準ドライバーの品質が向上。物理サーバー直OSのときはドライバーの不具合が多かった
- 仮想ホストを前提とした物理サーバーの信頼性が向上。以前は二重化さえしていないサーバーも多数
- ホストサーバーも仮想サーバーも十分なリソースを確保。性能の余裕が障害を減らす

2）未然防止、早期対処

- ほとんどの作業が遠隔地から対応可能。OSがロックしても、仮想環境で強制再起動
- 仮想ソフトが異常時に通知してくれるので、ユーザーが騒ぎ出す前に対策が可能
- 仮想環境は、仮想サーバーのメモリー、HDD、CPUが不足したときにすぐ追加できる

3）柔軟性向上

- 稼働したまま仮想サーバーを他のホストに移動できるので、ホストサーバーのメンテがいつでもできる
- ホストサーバーが突然落ちても、他のホストサーバーで仮想サーバーが自動起動。落ちたことに気づかれないことも
- NFSはシンプルで柔軟性があり使い勝手が良い。NFSのファイルはCIFS経由でも扱える

ホストサーバーの構築やP2V（Physical to Virtual）作業も自分でやると言っても、大したことをしていない。サーバーを買ったら、RAID設定をして、VMware ESXiをインストールするだけだ。パッチがあるなら、それもインストールする。手順はインターネットで読むことができる。IPなどの設定をしたら、ネットワークケーブルをつないで動作を確認すれば出来上がり。

P2VだってVMware vCenter Converter を使って変換しているだけである。これまでうまくいかなかったのはRed Hat Linux 8だが、OSが古すぎたのが原因だ。実は、これも古いバージョンのVMware vCenter Converter を使い、一度VMware server上に落とした後、VMware ESXiに移行したらうまくいった実績がある。さすがに古いOSなので、ファイアウオールなどで守りながら機能を別のサーバーに移行している最中だが、老朽化の心配も無くなったので、あわてる必要が無いのがありがたい。

BCPで実現できた理想の一人運営環境

着実に一人で運営できる環境が作り上げられていたころ、東日本大震災が発生した。その後BCPブームが起き、自社も全200台のサー

バーの災害対策が急務となっていた。これまでの実績を買われたかどうかは分からないが、私はBCP対策の推進を任されることになった。任命なので責任は重いが、予算確保の苦労も無く大型投資の機会を得ることができる。以前から温めていた、理想の一人運営の環境を実現するきっかけを得ることとなる。

　理想の環境とは、数十テラバイトの共有ファイルと200台の仮想サーバーを、1台のストレージサーバーと20台のホストサーバーで支えるというシンプルな構成だ（図9）。これで物理サーバー台数が10分の1になり、障害も10分の1以下となり、管理工数を大幅に削減できるというシナリオである。

　ストレージサーバーは200台の仮想サーバーのイメージファイルを格納するサーバーでもあり、1000台を超えるパソコンから接続するWindows共有ファイルサーバーの役目もあるため、ストレージサーバーにはかなりの性能が要求される。そのため予算はできるだけ良い機材の調達に回す必要がある。ソフトウエアでの環境構築作業や仮想化作業

図9　ストレージサーバー1台とホストサーバー20台で支える理想の環境

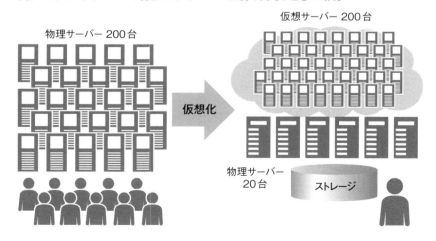

などの人件費は、今回も自分で作業を行うことで見積もりから外した。

実はITベンダーに委託することも検討したが、200台の仮想化作業だけで数千万円の見積もりが出ていた。自分で作業することで大幅なコスト削減ができるだけでなく、知識と経験というエンジニアにとって最高の報酬も得られる。すでに仮想化されている60台はV2V（Virtual to Virtual）マイグレーションだけで済むはずで、これまでの知識と経験をさらに高めることができる。

> **アドバイス** ： ITベンダー任せにせず自分で作業せよ
> 知識と経験という最高の報酬あり

このプロジェクトも成功に終わり、一人でも運営できる環境が一気に整うこととなった。現在サーバーは250台まで増えたが、運営コストはほとんど当時と変わっていない。ストレージサーバーの容量や性能が許せば、今の倍ぐらいの規模なら一人で運営できそうである。

運が良かっただけと言えば、それまでであるが、運をつかむためには常に運をつかめる状態にしておかないといけない。またチャンスをチャンスと認識できる力も必要である。それが何かについて詳しく述べられればよいのだが、残念ながら、それは私にもよく分からない。

会社と利害が一致しストレージサーバー入手

東日本大震災の直後に、親会社からBCP対策を打つようにとの通達があったようだが、そのときはまだ私の耳には入っていなかった。ちょうど業務系の60台のサーバーを8台のホストサーバーに集約し終えたころで、作業工数が大幅に改善されていた。しかし、この時の仮想環境は8台のホストサーバーのみで構成されていただけであったため、ホストサーバーに障害があったときに他のサーバーで肩代わりできる仕組みにはなっていなかった。

それでもホストサーバーは性能に余裕もあり、部品も二重化してある
し、仮想イメージのバックアップもできていたので、以前に比べれ
ばはるかに良い環境になっていた。しかし、VMware ESXiもフリー
版を使っており、ホストごとにログインして作業をする手間もあっ
た。次はストレージサーバーを入手して、全部を1画面で管理できて、
仮想サーバーを稼働したままホストサーバー間を移動できる環境の構
築を目指そうと思っていた矢先でもあった。

　その後、親会社からBCP対策の進捗状況の報告と期限内の完了を
求められたようで、急展開に至ったと聞いている。おそらくIT部門
が消滅したことでBCPを検討できずにいたが、親会社からの照会で
あわてて対応することになったと推測する。

　そこで急きょ、コツコツと仮想環境を作っていた私に白羽の矢が立
ち、BCP対策を担うことになったようだ。「IT投資はするから半年で
何とかしてほしい」という条件であった。ストレージサーバーが欲し
い私と利害関係が一致した。まんまと乗せられてしまった形ではある
が、既に60台が稼働する仮想環境を運営していたので、私にとって
は60台が200台になるだけであった。

　結果として、200台の仮想サーバーと数十テラバイトになるファイ
ルサーバーを1つのストレージサーバーで動かす環境を構築するに
至った。ホストサーバーとは柔軟で仕組みがシンプルなNFS(Network
File System)接続で稼働させた。将来は自分で操作したいとの希望
もあり、ストレージはネットアップの製品を選択することにした。今
も容量やミラー転送速度の調整やスペアディスクの移動程度の作業
は、ITベンダーにお願いせずに自分で行っている。

　既に仮想化していた60台のサーバーは、V2Vで移行するだけだっ
た。これもVMware vCenter Converterを使って変換するだけである。
「どこからどこに」を設定し管理者パスワードを入力するだけで、後

は待つだけである。P2VもV2Vも作業は変わらない。

仮想化の作業費に数千万円を出す無意味さ

　この程度の作業なのに200台の仮想化を何千万円も出してITベンダーに任せるなんて、非常にもったいない話である。しかもITベンダーの見積もりには「金額には社内調整（の費用）は含まれません」「作業は平日定時内のみ」と記載されていた。サーバーを止めるための現場とのやり取りなど、社内調整が一番大変なのに。

　自分でもできる簡単な作業でも高額な作業費を払ってくれる会社が多いのだろうか。それとも、そうした仕事は受けたくないというITベンダーの意思表示なのか。その辺りのことは定かではない。

> **アドバイス**：仮想化作業は簡単
> 委託せず予算を良い機材購入に回せ

　実は、200台の仮想化を行う際に、一番大変だったのは仮想化作業ではなく、残りの140台の放置サーバーの調査と、仮想化後に大量に残された物理サーバーの処分であった。残されていたサーバー管理台帳はメンテナンスされておらず、全く当てにならなかったので、ゼロから調査して情報を集めた。管理者パスワードが分からないサーバーもあったが、関係者を洗い出し事情聴取をしたり、ヒントをもらってパスワードをハックしたりして何とか情報を集めることができた。

> **アドバイス**：サーバーの状況調査と片付けは大変
> 片付けも考慮し何を調達するか決めよ

　仮想化終了後に不要となった物理サーバーの処理は本当に大変である。高い位置に設置されているサーバーを下ろすのは一人では無理だ。ITベンダーにやってもらったほうがよいのではという助言もも

らったが、移行完了がいつになるかも分からないし、そのときに撤去作業費を確保できる保証もない。

　一人でできる方法を考えていたとき、インターネットで「サーバーリフト」なるものを発見。名前の通りの製品だが、それをサーバーの見積もりに追加してもらった。聞いた話では、どうやら手動式では日本初輸入だったようだ。これがあれば重いサーバーが高い位置にあっても、楽に安全に作業ができる。おかげで腰を痛めずに、一人で作業を終えることができた。サーバー室にラックがあって、そこそこの台数のサーバーがある企業は、人不足に備えこういった機器を手に入れることも検討したほうがよいかもしれない。

第**5**章

「サーバーは要らない」、
業務システム内製に挑戦

一人でも運営できる環境が整い、私も人間らしい生活ができるように
なり、自己満足に浸っていた頃、事業部門の人の一言が私に衝撃を
与えた。「サーバーなんて要らないんだよね」。

　これは、業務を楽にする便利なシステムは欲しいけど、サーバーは
よく分からないし、できれば関わりたくない」という流れの話から出
てきた言葉である。

　「そういうことか！」。ユーザーにとって要らないものを管理する
IT部門だったから、評価もされなかったのか。システム構築にはサー
バーが必要だが、ユーザーにとっては、サーバーはよく分からない面
倒なものでしかないのである。

コンピュータだけを見ていたことを反省

　確かに、これまで私はコンピュータのほうばかりを向いていた。反
省すると同時に、この先どうあるべきかを考える機会となった。ユー
ザーは何を望んでいるのか、そして自分にできることは何かを考えた
結果、IT投資が困難でシステム化や自動化が滞っている状態を、業
務システムの内製で解決に導くことを、次なる目標とした。

　仮想環境が安定稼働して、精神的にも体力的にも一気に楽になって
いたが、突然のサーバーなんて要らない発言。「会社のために」「業務
担当者のために」と思っていたつもりだったが、実は自分はサーバー
側だけを見ていたことに気づかされる。

　仕事をする上で、こういった事を言ってくれる人は少ない。相手が
印象を悪くするような事は言わないのだ。だから自分の問題点に気づ
かない。私が評価されずに毒を吐いていた頃も、それに対して助言し
てくれる人はおらず、逆に避けられて孤立していたことに気づかな
かった。

　日本では大人の対応かもしれないが、外国人はおかしいことはおか

しいと言う。私は前職で、海外でシステムを開発したことがある。一緒に開発していた別会社の外国人との打ち合わせをサボった時、「何で来なかったんですか。ダメですよね」とお叱りを受けた。さらに「今回のシステム全然使えないですね、誰が作ったんですか」と、ダメなところはダメと指摘された。

> **アドバイス** 日本人はダメな点を指摘しない
> 問題点を気づく機会が無いから要注意

　日本ではある程度の信頼関係がないと、ダメなところは指摘してもらえない。「ユーザーはサーバーなんて要らない」ということを面と向かって指摘してもらえたのは、やはり居候時代に培った人間関係があったからだと思う。

何かを解決するためにシステムを一人で作る

　基本的に、ユーザーにとって技術論はどうでもよい。Windowsを使おうがLinuxを使おうが、開発言語がJavaだろうがPHPだろうが、オブジェクト指向言語だろうが、ユーザーにとっては「だから何？」である。便利に使えるのか、コストはどれくらいかかるのか、早くできるかが問題だ。だからサーバーは要らないとなる。管理上、ユーザーの中からサーバー管理者を指定してもらっていたが、サーバーの知識がない人にとっては、そういった対応も不満だったのだろう。

> **アドバイス** ユーザーにとって技術論は
> どうでもよいことと心得よ

　それまでは業務システムを一人で作ることが私の目標になっていたが、この頃から「何かを解決するためにシステムを一人で作る」に目標が変わった。

BCP（事業継続計画）対応でそこそこの規模の仮想環境を得て、楽に運営できるようになった。しかし、それは自分が楽になっただけで、ユーザーにとっては「障害が以前より減ったかな」程度の変化でしかない。

要らないと思われているサーバーを管理しているだけの人では、評価が上がるはずもない。IT部門復活をはじめ、会社のためと思ってやってきたつもりだが、周りからは単に自分自身のためにやっているとしか思われていなかったのだろう。

自由にできる仮想環境も手に入れたことで運営工数が激減し、簡単にサーバーが立ち上げられるようになり、システムを作るハードルが一気に下がった。その恩恵をユーザーに向けない限り、IT要員の評価は上がらないだろう。幸いと言ったら怒られそうだが、当時はまだ景気低迷は続いていて投資のハードルは高かった。そのしわ寄せで社内はシステム化・自動化に飢えている。これは絶好のチャンスである。

「IT部門は中間業者」からの脱却

自社にも基幹システムがある。プロジェクト管理や予算管理、受発注管理や経理処理の源泉データ管理など、何でも行う中核的な役割を担う業務システムである。当初はWindows95の時代に開発したクライアント/サーバー・システムであったが、その後Webシステムに作り直して現在も運用している。

基幹システムの開発は外部委託しており、以前は協力会社だけでも常時3〜4人体制でシステム的なサポートやマスターメンテナンス、機能追加などの対応を行っていた。丸投げ状態であったために、ログインとシャットダウン以外は全く手出しができない状態であった。

ちょっとした作業をするだけでも外部委託する必要があり、何をや

るにもコストも手間も時間もかかるシステムであった。ITベンダーに依存しすぎたシステムだったために、データベース内のデータも活用できないだけでなく、時々OSがロックして運用が止まるという不安定な状態も解決できずにいた。

　自由に手が出せない。何をするにも予算取りから始めなければならない。データはあるのに活用できない。時間がかかる。私はこのような状態にIT部門が消滅する前からストレスを感じていた。もともと何でも自分でやりたい性格だったこともあり、密かに内製化のチャンスを狙っていた。時々発生する改造や不具合修正、バージョンアップなどの投資に合わせ、自社でもいじれるように環境の改善を要件に入れてもらったりした。IT投資が難しくなる以前の話である。

> **アドバイス** データベースを外部依託すると
> 何もできなくなる

　そんな地道な取り組みの結果、最終的には外部委託はアプリ部分だけになり、インフラ回りは自社で運営できるまでになった。特にデータベースを100%自社運用に取り込めたことは大きな転機であった。その後のデータ活用やWebシステムの内製に弾みがついただけでなく、データベースサーバーのバージョンアップや性能改善、安定性強化なども内製で対応できるようになった。

　外部委託を内製に切り替えることでスピードも技術知識もユーザーの満足度も増し、さらに工数が減るので良いことばかりである。逆に、それだけダメな環境だったと言える。

マスターメンテナンス画面をケチった罪と罰

　まだ作業負荷が高いものがある。マスターメンテナンスであった。基幹システムは多くのマスターデータを持っている。業務に合わせ

て、このデータの追加変更削除が常に発生するが、以前は専用のツールを使ってデータベースを直接操作してデータを入力していた。

　データベースはリレーショナルデータベースというだけあって、いろんなデータと関係性を持っている。マスターメンテナンス作業はこの関係性を意識しながら、煩雑な登録変更削除処理をしていた。手順書はあったが、複雑な手順のため誤入力などの作業ミスもあり、それが原因で予期せぬ不具合や二次災害が発生し、調査や対策が難航することもよくあった。

　おそらく、システム開発当時は費用削減のため、利用頻度が少ない割に開発費用がかかるマスターメンテナンス画面を作らなかったと考えられる。それにより長期にわたって、単価の高いエンジニアにしかできない作業になり、エンジニアが本来やるべきことができなくなっていた。その損失を考えると、最初にケチったことの代償は大きい。

　そこで、基幹システムの機能追加や仕様変更などの対応に合わせて、マスターメンテナンス環境の整備を進めた。マスターメンテナンス画面を作っただけでも作業時間もミスも減ったのであるが、重要なのはここからである。

　これまではデータベースを専用ツールで直接触る必要があるため、IT部門がマスターメンテナンス作業をしていた。しかし、入力するデータはIT部門には無い。そのデータをIT部門が他の部門や業務担当者にもらいに行っていたのだ。データ入力を肩代わりしているだけのはずが、データ集めまでIT部門が責任を負うという何とも納得できない状況であった。

　マスターメンテナンス画面を整備したことで、エンジニアでなくても権限のある人なら誰でも作業ができるようになった。このような状況を作っておいたことで、その後、協力会社のITベンダーが削減されIT部門が衰退していく過程の中で、マスターメンテナンス作業を

本来やるべき人に引き継ぐことができた。

> **アドバイス** マスターメンテナンスは
> エンジニアの仕事にあらず

　基幹システムの運営はIT部門にとって手間もコストもかかるもの
であったが、このような取り組みの積み重ねによりコストと工数を削
減し、IT部門が肩代わりしてきた作業を本来やるべき人に戻すこと
ができた。IT部門が消滅しても基幹システムが滞ることもなく運営
できているのは、このような取り組みがあったからだと考えている。

サーバーは委託、パソコンは社員が対応の矛盾

　基幹システムは、会社が親会社から分離独立した時に導入したもの
である。業務が変化していく中、使いにくいところが出てきて改修が
必要になり、社内に詳しい人がいなかったこともあり外部委託するこ
とになった。

　外部委託するから手がかからないかというと、そうでもない。昔の
クライアント/サーバー・システムのためパソコン端末に専用のアプ
リケーションをインストールしなければならない。しかも、Excelと
の連携のためにパソコンから直接Oracle Databaseに接続するスタイ
ルだったので、バージョンや環境によっては動かなかったりすること
も多く、非常に手間がかかっていた。

　サーバーは外部委託、パソコンは社員であるIT要員が対応という
今とは逆の状態のまま、会社規模が大きくなっていく。このままでは
時間がいくらあっても足りない状態になってしまう。しかし、外部委
託でサーバーをITベンダーに握られ、「ユーザーがいじったら責任は
持てない」とITベンダーに言われたら手も足も出せない。時々不安
定になりユーザーからクレームを受けるという状態も改善できず、も

どかしい日々を過ごしていた。

　このようにサーバーを外部委託してしまうと、手も足も出せなくなり、改善が進まなくなる。データベースには価値あるデータが集まっているのに、それを活かすこともできない。一方、社員であるIT要員は価値の低いパソコンの障害対応をやり続けている、非常に無駄なことである。こんな状態でIT活用やデータ活用がこの先できるはずもない。内製に切り替えて、サーバーをこちらで握り、社員はパソコンのサポートから脱却しないと、お先真っ暗だ。

　しかし相手は基幹システムであり、何をするにも大きなお金が動く。障害が発生したときのリスクも高いので、安易に手を出すと痛い目に遭いそうだ。

　このような状態から脱却するにはWebシステム化するのが基本だが、相当なコストがかかるので準備をしてチャンスを待つことにした。せめてデータベースだけでも先に内製できないか考えていたが、当時は1台のWindowsサーバーにアプリケーションとOracle Databaseが混在している環境だった。

　そこで図10のようなプランを計画し、Oracle Databaseの分離と不安定さを解消することにした。一気に対応したいところだが、Oracle Databaseを分離したところでユーザーのメリットは無いので、別案件の投資のついでに少しずつ対応できるプランにした。

Oracle DBのLinux移行と内製化の効用

　Oracle Databaseの改善をしているうちに、Webシステム化のチャンスが来て、パソコン対応からも開放されることになるのだが、それ以外に大きかったのはOracle Database のLinux化、チューニングの廃止、10以降へのバージョンアップであった。

98

図10　基幹システムのデータベースを取り戻し内製化に取り組むためのプラン

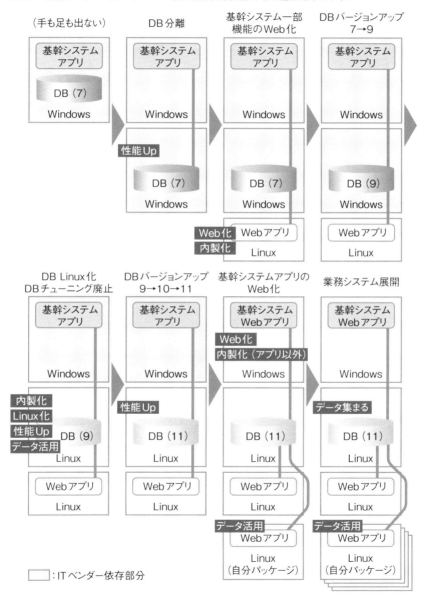

もともとOracle DatabaseはLinuxのほうが安定していて性能も出しやすいと聞いていた。Windows Updateで再起動が時々発生するのも不満だったので、一刻も早くLinux化することで、月1回システムが落ちるような状況から解放されたかった。

　Windowsの環境ではチューニングが行われていたが、なぜそのチューニングが必要なのかもよく分からなかったので、思い切って廃止した。ITベンダーにOracle DatabaseをLinux化するためのヒントや、テーブル構成、文字コード、仕掛けや設定、バックアップ・リストアなどの勉強をさせてもらって、データベースの内製化が完了した。

　読み通り、Linux化してから落ちたことは一度もない。また、内製化したことでOracle Databaseのバージョンアップがしやすくなったが、バージョンアップしただけで十分に体感できるほどの大幅な性能向上を実現できたことには驚いた。

> **アドバイス** Olacle DBはLinux上で使え
> チューニングは不要

　ちょうどその頃、基幹システムのアプリケーションがWindows Vistaで動作しないことが判明したため、Webシステム化の話も持ち上がった。Webシステム化によってパソコン対応から解放されると共に、外部委託はアプリケーション部分だけにして、基幹システムに手も足も出せない状態から脱却することができた。

できる事を少しずつ実現する姿勢が大事

　やはり「お金が出ないから何もできない」という姿勢ではなく、できることを少しずつやっていきながら、投資のチャンスを待つのがエンジニアの基本スタイルではないかと思う。データベースを内製化したことで、データの活用や業務システムの開発が一気に加速していく

ことになった。

> **アドバイス** できる事を少しずつやりながら
> IT投資のチャンスを待て

　Webシステム化で注意したのは、Internet Explorerだけでなく他の
ブラウザーでも動くようにしておくこと。当たり前のことであるが、
ITベンダーに丸投げして何も言わないと、Internet Explorerだけでし
か動かないシステムを作られてしまうのは普通であった。

　日々のマスターメンテナンスもIT部門がやっていたが、先に説明
したように理由はメンテナンス画面をケチって作らなかったからだ。
これもWebシステム化に合わせて徐々に整備していった。だから、
データが発生する部門の担当者に引き渡せるようになった。

　一人しかいない状態で運用業務を抱えていると休めなくなってしま
うし、本来エンジニアの仕事は運用をすることが目的ではない。そう
いった運用業務は自動化や効率化、ツールの提供などで無くしていか
ないといけない。運用しない状態を作ったことで、この先に訪れるピ
ンチを乗り切ることができた。

　内製化でいろんなことが解決し、データ活用も進み、必要な工数も
大幅に削減できた。世間では、内製化はコストがかかると思われてい
るが、少なくとも私の環境では外部委託のほうが、コストがかかる。
ITベンダーに握られている部分は自ら改善できないからだ。

　IT部門がいろんなことを抱えるのは大変であるが、IT部門が抱え
るからこそ、ITの知識により低コストで改善ができるようになる。
後はIT部門やIT担当がそれをやりたいと思うかどうかである。

レコードレイアウトとER図から学ぶ

　少なくともデータベースを内製化し、データを活用できる状態にし

101

ておいたほうがよい。データこそ企業の一番の財産で、Webシステムなどは所詮データを集めるための"上っ面"でしかない。プログラミングが苦手な人も、SQLが書けるようになるだけでデータの活用ができるようになる。

　実際は、データベースの、どこのテーブルの、どこのカラムに、どんなデータが、どんなふうに、どんなタイミングで入るのか、といった情報を知らないと活用はできないのだが、それはデータベース設計書や実際のデータを見て学ぶことができる。大抵は、レコードレイアウトとER図（Entity Relationship Diagram）を見ればなんとなく予想できる。

　私はER図も無い状態で、数百もあるテーブルを相当な期間をかけて勉強してきたが、かけた時間や手間以上に得られた価値は大きかった。データベースを手中に収めれば、圧倒的な優位性を手に入れることができるのだ。

> **アドバイス** : データーベースを手中にすれば
> 圧倒的な優位性を手に入れられる

　唯一の失敗は、Oracle Databaseに依存したシステムになっていることである。既に基幹システムがOracle Databaseを前提としているので私一人ではどうにもならないが、ライセンスの見直しにより、安く買えていたStandard Edition Oneが無くなって実質大幅値上げになってしまった。若干悪意を感じるが、それでも価格以上に活用させてもらっていると思えばよい。高いソフトウエアも価格以上に使い倒せばよいだけである。

ユーザーを主体的に動かす方法

　基幹システムにおけるユーザーとの関係についても変えた。他部門

からの依頼や要望を受けてシステムの改修をする際、従来のIT部門は依頼者の要望を聞き、それをITベンダーに伝え、できたものを依頼者に見てもらい、そこで出た課題などをITベンダーに渡すという、中間業者のような立場で動くことが多かった。もともと業務にそれほど詳しくないIT部門が間に入ることにより、ユーザーの要望がうまく伝わらないことも多く、それが非効率な作業を生みIT部門の負荷を高めていた。

　業務に一番詳しいのは、依頼者である基幹システムのユーザーだ。IT部門がユーザーとITベンダーの間に入ることでうまく伝わらないだけでなく、ユーザーの主体性も失われていった。ユーザーの主体性が失われると、IT部門任せになり、プロジェクトの推進力が失われる。それはプロジェクトの失敗を意味する。さらに、うまくいかなかったときはIT部門のせいにされるので、一生懸命サポートしてきたIT部門にとっては踏んだり蹴ったりである。

　依頼したユーザーも実は上司に言われて嫌々やっているだけということもあるだろう。そんなとき、IT部門に全部押し付けられるのは好都合である。うまくいかなければIT部門のせいにすればよい。最初からうまくいかない可能性を秘めているだけでなく、苦労してなんとか開発したとしても、IT部門が運用フェーズにまで巻き込まれ、その先ずっと苦労する可能性もある。

ビルドよりもスクラップが重要

　このようにIT部門が過剰に関わることで不幸な状態を生み出してきたと私は考え、IT要員はあくまでもサポートという立場に切り替えてきた（図11）。依頼したユーザーが困らないように私は全力でサポートするが、主体的に動くのはあくまでもユーザーである。

　ユーザーが主体的に動かなければ話は進まないことを理解してもら

図11　不幸を生む中間業者的な立場から脱却を図る

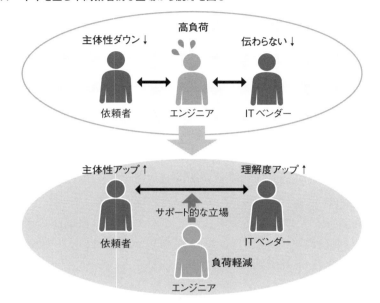

　うことで、ユーザーの意識や行動も変わる。関わり方を少し変えるだけでIT担当者の負荷が大きく変わり、ユーザーの要望がITベンダーに正確に伝わることにもなる。

　企業によっては、IT部門が業務にまで深く関わっているところもあるだろう。それなりの人件費や運営コストを覚悟しているならよいが、IT部門が縮小したり衰退したりしている企業では同じことはできない。エンジニアはエンジニアにしかできないことをやるから大きな価値になる。ユーザーのためにと思って中間業者のような立場で活動してもエンジニアとしての価値は無い。ITベンダーにとっても迷惑な話である。

　とは言っても、昔からのやり方を急に変えることは難しい。「なんで急に対応を変えるんだ。誰が決めたんだ」と言われるかもしれな

い。実は、これが一番の問題だ。変えたくても変えられないのである。IT部門の消滅はこうしたしがらみも断ち切ってくれた。スクラップ・アンド・ビルドという言葉があるが、IT部門はビルドができても、スクラップが苦手だ。だが実は、スクラップが重要だったのだ。

IT部門が業務に全く関わらないということではない。ある程度の業務知識が無いと良いシステムが作れないのは事実である。「業務に入り込みすぎないこと」と「主体的に動くべきは誰か」ということを考えてほしいのである。

受益者負担の原則を忘れたユーザーへの対処

サーバーやシステムはIT部門が面倒を見る。それはある意味正しいのであるが、どうやらそれを誤解している人が多い。基幹システムで不都合な事をIT部門に言えば解決してくれると思っているユーザーが多い。それをやることで誰が恩恵を受け、その負担を誰がするのかという基本を忘れているのだ。大事なのは、いわゆる受益者負担の原則である。

IT部門が過剰に関わることで受益者負担の原則が崩れていると考えて、それを変えたかった。そもそも人がどんどん減らされていく中で、これまでと同じ事はできないので、そうせざるを得ない状況でもあった。

「システムを改造したいのは誰ですか」「だとしたら誰が予算確保をして、誰が主体的に動く必要があるのでしょうか」と問えば、常識のある人なら理解できるはずだ。IT部門はそれをうまく回すためにサポートするのが役目である。たったそれだけの事が、なぜできなかったのかが不思議なくらいである。

人の心理として、他人に期待したり任せたりした時点で努力をしなくなってしまうので、そうならないように仕向けることも重要な役割

である。人の心理も学んでおくと、いろんな所で役に立つ。

> **アドバイス** ユーザー部門への対応は
> 受益者負担の原則が基本

　ユーザーが主体的に動くとなると、それなりに負担であるという状況も理解できる。ただ、だからと言ってIT要員に押し付けて全社の取り組みが遅れることをよしとするのはいかがなものだろうか。忙しいのが困るなら、その役割を果たす人も含めてITベンダーに委託すればよい。もちろんそれなりの人材が必要となるので、それなりのコストアップは覚悟しないといけない。

> **アドバイス** 自分の負荷を下げることが最優先

　協力してあげたい気持ちを抑えて、まずは自分の負荷を下げることが重要。余裕ができれば、後できちんと対応してあげればよい。

Excelに代わる業務システムを内製

　法律改正、国内外の情勢変化、経営方針や組織変更などに影響され、企業の業務は常に変化している。それに合わせて基幹システムの変更や機能追加が必要な場合がある。しかし、投資が抑制されていたために基幹システム改修の機会が減った。基幹システムの改修が無いため、システムと業務との溝が大きくなる部署もあり、業務担当者はExcelを駆使して溝を埋めようとする。しかし、それをやりだすと重要なデータが埋もれてしまい、業務処理の属人化も進んでしまう。

　さてどうするか。コンピュータのほうばかりを向いていたことを反省した私は、ユーザーは何を望んでいるのか、そして自分にできるこ

とは何かを考えた結果、業務システムの内製に取り組むことにした。

システム開発経験を活かし、基幹システムとは別に独自の業務システムを内製して、Excelの代わりに使ってもらうことにしたのだ（図12）。基幹システムのアプリ開発はITベンダーへの外部委託のため、改修するとなるとコスト面でハードルが高い。契約や保証の問題から勝手に改修することもできない。独自に内製したシステムなら自由でありハードルが大きく下がる。

基幹システムのデータベースを社内に取り込んだため、内製する業務システムでも基幹システムのデータを活用したり、基幹システムと連携したりするのが容易で、Excelよりもはるかに便利である。最初は"お試し"といった気軽さで、内製した業務システムを提供することにしたが、後には本格的に運用することになった。Excel運用の限界で助けを求めてくる人もいて、口コミで徐々に依頼も増えていった。

基幹システムの改造ができなくても、内製の業務システムで対応できれば、データの共有化や業務処理手順の見える化が進み、業務効率

図12　基幹システムとは別にシステムを内製してExcelの代わりに使ってもらう

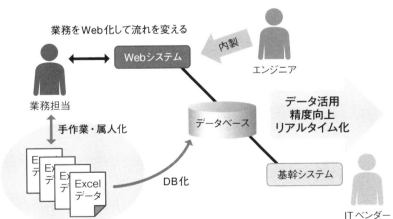

が改善して属人化も防げる。内製した業務システムの機能が恒久的に必要であるならば、いずれ基幹システムに機能追加してもよいだろう。ITベンダーとの間に入って中間業者的な役割で活動するよりも、システム内製などエンジニアにしかできないことをするほうが、はるかに価値がある。

　システムを内製しようと思っても、すぐにそれができるわけではない。私は前職のITベンダーにいたときにC言語とUNIXで流通系システム開発をしてきた経験があり、その後も継続して、プログラミングやシステム構築によって自分の仕事の効率化などを図ってきたので、やろうと思ったときにすぐ動けた。コンピュータを制御するのはプログラムであり、プログラミングができるからアイデアをすぐに形にできるのである。プログラミングのスキルは最高の武器である。

「基幹システムとは別のシステム」が現実解

　時代の変化に応じて業務が変わり、基幹システムを改修したいという要望は本当に多い。しかし投資が抑制されている中では、コストをかけて外部委託するハードルは高い。私もそのフォローをしなくてはならなくなるので、できれば避けたい。一方で、他部門での居候時代に現場担当者の苦労も見てきているので、できるだけ助けてあげたいという気持ちはある。そこで、基幹システム改修とは別の選択肢を用意したわけだ。

> **アドバイス**　基幹システムの改修以外にも
> ユーザーの要望に応える方法がある

　サーバーが自由に立ち上げられ、プログラミングもでき、基幹システムのデータベースも握っているので、「別システムとして実現するのでよければ作りますよ」というスタンスが取れる。どうしても基幹

システムの改修が必要なのであれば予算を確保して、これまで通りの
やり方で対応することになるが、それは要望全体の10分の1程度で
ある。

基幹システムのデータ活用の極意

　基幹システムしか見ていない人は、ユーザーの要望に対応するためには基幹システムを改修するしかないと思っていることが多い。一方、ユーザーが実際にやりたい事の多くはそう難しいことではなく、ちょっとしたデータを既存のデータと連携したいだけのことが多い。基幹システムの改修のハードルが高いので、ユーザーは各自Excelでマイツールを作って、貴重なデータを個人のパソコンの中に埋もれさせてしまう。

　Excelは非常に便利なツールである。ちょっとしたプログラムを作ることもできる。グラフ作成も簡単だ。エンジニアでなくても扱うことができる魔法のソフトウエアである。そんなExcelが事務処理の効率化に大きく貢献したことは間違いない。だが問題はそこからである。簡単に使えるがゆえに、個々のユーザーが自分の業務の効率化だけを実現するためにExcelを多用し、それが全社的なデータ活用の障害となっているのだ。

　その場限りの集計や自動化ならそれほど影響はないが、定型業務をExcelでとなると話は別である。データ量が増し、複雑さが増すにつれExcelでは対応できなくなっていく。Excelは個人使用が前提のため、大勢で使うことが苦手だが、それすら理解せずに一つのExcelファイルを共有フォルダに置き、メールで大勢の人にExcelへの情報書き込み依頼を出して、大混乱を招く事態が増えていた。

　プログラムが作れない人でも簡単にシステムっぽいものが作れるの

は確かに便利であるが、設計すらしたことがない人がシステムっぽいものを作るため、本来の目的を考えずに自分の作業をそのままExcel化してしまい、複雑で非効率な作業が固定化される。担当者が替わると、そもそも何のためにやっているのかさえ分からない状態になってしまう。そして業務が回らなくなり、助けを求めてくる。

　最初から必要な機能が基幹システムに備わっていれば、そのようなことにはならないが、業務は変化するものなので、最初から全てに対応することは難しい。システムは生き物であるので、定期的に見直していく必要があるのだが、投資が抑制されると、そういった必要な投資さえも一律抑制される。その結果、Excelがまん延することになる。

基幹システムのテーブルはいじらない

　実はExcelがまん延することが問題ではない。情報、つまりデータがExcelに閉じ込められてしまうことが問題であり、担当者がデータを抱えてしまうことが問題なのである。それが属人化へとつながっていく。属人化はその人しか作業ができないことだけでなく、情報も抱え込まれてしまうことにある。当然、その情報は活用へと進まず、価値が生かせない。上司や上層部が「状況が見えない」と嘆くのは、こういったことに原因があることが少なくない。

　Web-DBの業務システムの内製であれば、面倒な予算確保も不要だし、外部委託の管理も不要である。仕様が多少曖昧でも、内製ならプロトタイプを見ながら徐々にアイデアを出せばよい。

　不思議なことに、仕様が決まっていない状態で、適当に作ったプロトタイプの画面を見せると、驚くほど細かいところまで改善要望が出てくる。実際に画面を見ることで、その人の頭の中でイメージが湧く

のかもしれない。こちらも改善要望が出るのは想定済みなので、改造が大きい場合は作り直すようにしている。もともと工数をかけて作っていないプロトタイプに未練は無い。

その際に注意しているのは、基幹システムが使っているテーブルはいじらないようすることだ。テーブルにカラムを追加しても問題は無く、それがデータベースのメリットでもあるが、あえて別のテーブルにしてキーで結合できるようにしている（図C）。

> **アドバイス** あえて別テーブルにして
> 基幹システムへの影響は最小限に

テーブルを分けるのは、基幹システムへの影響を極力避けるためであるが、新たに作った業務システムが運用でうまくいかなくて使われなくなることも多々あり、そのときに削除しやすいようにする意味もある。また、後で仕様が変わることも多い。外部委託とは違って、仕様が曖昧でも進められることの弊害かもしれないが、成功の確率を上げていることも事実である。

400人の社員から情報を入手したくて、Excelシートを全員に配るなどの対応で大混乱を招くくらいなら、大好きなプログラミングで私はがんばってシステムを作るほうを選ぶ。

図C　カラムを追加したい時でも、外部委託で作った部分には手を出さない

既存のテーブル（TBL1）

KID（キー）	COL 1	COL 2
111	AAA	BBB
222	XXX	YYY

alter table TBL1 add (...)
で追加したくなるところだが…

新しいテーブル（TBL1_SUB）※既存テーブルとの連携が予想しやすい名称にする

KID（キー）	COL3
111	CCC
222	ZZZ

select x.KID x.COL1 x.COL2 z.COL3 from TBL1 x, TBL1_SUB z where x.KID = z.KID

※上記 SQL で VIEW を作成してもよい。片方にしかキーが無いときなど join を使うが、
私は横着して Oracle 固有の（+）を使うことが多い

SQL 結果

KID（キー）	COL1	COL2	COL3
111	AAA	BBB	CCC
222	XXX	YYY	ZZZ

第**6**章

業務システム内製のカギは「自分パッケージ」

システムの内製と言っても、基幹システムの内製は一人では難しい。全社横断的に使用しており、お金の計算まで行っているので品質要求も高い。技術がもっと進歩したらそれも可能になるかもしれないが、今は外部委託でよい。

　外部委託と内製は、目的とバランスで考える必要がある。私が内製しているシステムは、基幹システムには機能が無い補助業務のサポートという位置付けにしている。基幹システムのデータを活用しながら、業務の変化と効率化に対応するものだ。

システム基盤は同一にすべし

　ちょっとした業務システムを新規で構築するとき、特別な制約がなければ最近はWeb-DBシステムとして構築するであろう。

　仮想サーバーにWindowsまたはLinuxをインストールした後、必要なミドルウエアなどをインストールし、それらが連携するように各種設定を行い、ようやくその上でプログラムを動かせるようになる。システムには認証（ログイン）後にメニューが表示されるのが一般的だ。これまで多くのシステム開発に関わってきたが、ここまではどのシステムも同じである。

　しかし、システム構築を外部委託すると、ゼロから構築する場合がほとんどだ。つまり毎回、同じようなものを作るためにコストをかけている。これはITベンダーの都合であることも多く、システムごとに異なる基盤は完成後に面倒を見る立場としても都合が悪い。

　自社でシステムの基盤部分を押さえておけば、外部委託するにしても機能開発だけで済む。当然コストも下げられるし、ロックインされて手も足も出せず足元を見られることもない。そこで、メニューが表示されるところまでを標準型として作っておいて、それを丸ごと複製

図13　システム内製を一人で行うための工夫「自分パッケージ」

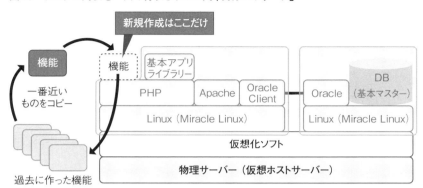

することでシステム立ち上げを高速化する環境を作った。言うなれば「自分パッケージ」の活用である（図13）

　これは、オンプレミスの仮想環境だからできる荒業かも知れない。仮想サーバーを丸ごと複製するのである。このシステムと同じようなものを作りたいという要望を受ければ、そのシステムをOSから丸ごと複製することもある。仮想環境は本当に便利である。このような取り組みにより、サーバーのコピー時間と少しばかりの設定変更時間があれば、システムが立ち上がり、機能開発ができる。

　システム基盤が同じであれば、一度作ったプログラムは他でも使うことができる。プログラムを作れば作るほどサンプルが増え、その中からやりたいことに一番近いプログラムをコピーして改造すれば、スピード開発も可能になる。

　社内で使う業務システムの画面なんてどれも似たようなものであるから、再利用率も高く効率が良い。すでに動作実績のあるプログラムの改造であるために不具合も少ない。このような取り組みにより、簡単な入出力機能程度であれば、一人でも数日でシステム構築が可能になった。

仮想環境で実現する「自分パッケージ」

　自分パッケージに至った経緯は単純だ。システムを高速で立ち上げたいという理由もあるが、私が面倒くさがり屋であることも影響している。これまで型にはまった仕事をしてこなかったこともあり、手順に従って作業をするという単純作業は好きではない。

　例えば業務システム用Webサーバー構築（Linux）の手順は次のようになる。

　Linuxインストール（必要なパッケージはここでインストール）
　Linux設定（ホスト名、アカウント、IPアドレス、マスク、DNSなど）
　Oracle Clientインストール
　SSH起動
　Oracle関連設定　（tnsnames.ora , listner.ora）
　Apache設定　（httpd.conf）
　PHP設定　（php.ini）
　samba、FTP立ち上げ（smb.conf）
　postfix設定　（main.cf）
　自動起動設定　（/etc/init.d）
　スケジュール起動設定　（/etc/crontab）
　追加アプリインストール（Excelライブラリー、PDFライブラリー）
　自社パッケージ環境コピー（ライブラリー、ログイン、メニュー、サンプルなど）
　バックアップ設定
　不要なプロセス停止

　社内の業務システムは必ずログイン画面があって、必ずメニューがあって、必ずデータベースを使う。こんなのは1回作るだけで、後は

第6章　業務システム内製のカギは「自分パッケージ」

図14　一つの画面のコードは一つのファイルで完結する

再利用しにくい

```
sample.php
sample_func.php
sample.js
sample.css
```

再利用しやすい

```
sample.php
```

ちょっとしたことでも規模が大きくなると影響が大きくなる

丸ごとコピーできたら楽なのに。仮想環境が無い頃からそう思っていた。今、仮想環境を手に入れたので、それを実現しただけである。それが「自分パッケージ」だ。

　自分パッケージをコピーして多数の業務システムを立ち上げてきたが、業務システムごとの要望をかなえるために作った機能（プログラム）は、次の再利用プログラムとなり、作れば作るほど種類が増え、開発効率が上がっていく。実際に稼働しているので品質問題も無い。

　最近は、要望を受けても必ず似たようなものがあるので、ゼロからコードを書く機会も減った。たくさん書かなくても機能を実現できるので生産性が高いのは当然である。

　そこでポイントがある。一つの画面はできるだけ一つのファイルで完結するようにすることだ（図14）。関数などは別ファイルにしたくなるが、別ファイルにまたがったプログラムは再利用しにくくなってしまう。このあたりは個人のプログラミングスタイルの問題かもしれないが、私はそうやって再利用しやすい環境を実現している。

どう使うかをイメージしてサーバーを調達

　私はプログラマーであるが、これまで説明してきたような経緯で

119

サーバーや仮想環境などのインフラまで面倒を見ている。ただ、OS
やハードウエアの運営は非常に面倒くさく、正直なところあまり関わ
りたくないとさえ思っている。

　サーバーなどのハードウエアは老朽化するし故障もする。OSにし
ても次々に新しいバージョンが出て、古いものが使えなくなってい
く。そのためにメンテナンスと定期的な投資が必要になる。しかも定
期的なリプレース作業は負担が大きい。常に後追いを強いられる感覚
があるのも、好きではない理由かもしれない。

　設備投資は今の問題を解決するためではなく、構築後どう活用する
かが目的となる。少なくともこの先5年は使うのだから、どう使って
いきたいかをイメージしながら必要なものをそろえていく必要があ
る。買い方を失敗すると、その後長期間にわたって自分を苦しめるこ
とになるので、面倒くさくてもハードウエアにまで関わるようにして
きたわけだ。

　その甲斐あって、自分にとって都合が良い仮想環境を構築し、一人
運営を実現することができた。とはいえ、やはり面白さはプログラミ
ングにある。自分のアイデアを実現できるのはソフトウエアの部分だ
からである。社内で困っている人のためにプログラムを作り、解決し
てあげれば感謝もされ、やりがいも得られる。一方、サーバーがきち
んと動いたところで、誰も評価してくれない。

　プログラミングができても、システムが作れなければ意味がない。
システムが作れても、OSが無いとそれを動かせない。OSを動かすに
は、サーバーが必要なので、仮想環境やハードウエアが必要になる。
結局はハードウエアが無いと始まらないのである。まだ数台のサー
バーしか管理していなかったときに、ちょっとしたツールを作ったと
しても、それを動かすところが無くて困ったことがあった。アイデア
を実現できるプログラマーの弱点はサーバー調達にある。

> **アドバイス** インフラが無ければ何もできない
> プログラマーの弱点を自覚せよ

　本来クラウドはそのハードルを下げる救世主のはずなのだが、予算確保やセキュリティなどの社内的なハードルが高い。自分の努力ではどうにもならないので、オンプレミス路線を貫いてきた。BCP（事業継続計画）ブームで仮想環境を構築した時、さすがに5年も経てばクラウドが普通に使えるようになっているだろうと予想したが、残念ながらそうなっていなかった。自分の努力では解決できないものを当てにしないことも、仕事をうまく進めるコツである。

プログラマーも基盤を抱えれば楽になる

　そんなわけでプログラマーであっても、自分のアイデアを実現するためには下回りまで抱えたほうがよい。「私はソフト屋だから」なんて言っていては、プログラマーのアドバンテージを活かせない。

　自分パッケージは、ある意味プラットフォームの考え方に近い。外資系ITベンダーは、ソフトウエアは無料、端末も格安で提供して、自分のプラットフォームを使わせようとしている。それと同様に私も、自分パッケージという私の環境でよければ、コストをかけずに、基幹システムのデータを活用して便利な機能をすぐに提供しますよ、と社内のユーザーに言っているわけだ。

> **アドバイス** 社内のプラットフォーマーになれ
> 自分パッケージでスピード対応

　このように、自分の作業範囲と役割を拡大していくことで、どんどん効率化を実現しやすくなり、自分の作業が楽になる。プログラミングという狭い範囲で効率化したとしても、高がしれている。作業範囲

や役割の拡大は、一見大変そうに見えるが、選択肢も増え効果も大き
いので、大規模なIT環境でなければ、IT要員の数が少ないほうが、
かえってうまく回るのではないかと思う。

> **アドバイス** 自分の作業範囲や役割を拡大すると
> 効率化を図れて作業が楽に

キモとなるLinuxディストリビューションの選定

　自分パッケージを作る際、時間をかけて検討したのは、どのLinux
ディストリビューションを使用するかだった。この先多数の業務シス
テムを立ち上げ、長期間にわたって使用することになるので、選択に
失敗したときの影響は大きい。

　これまでもいくつかWebで業務システムを立ち上げてきたが、そ
の際苦労したのは日本語文字コードの問題である。Linuxディストリ
ビューションのほとんどは英語圏で、日本語の対応は自分でやってく
ださいという印象だ。

　今ではUTF8の文字コードが標準となっているLinuxも、昔はEUCが
採用されていて、文字化け問題に悩まされた。基幹システムのデータ
ベースはShift-JISであった。いろいろ調査する中で面白いディストリ
ビューションを見つけた。Asianux Serverだ。日本ではMIRACLE LINUX
として販売されている。Red Hat Enterprise Linuxとの互換を謳ってい
て、日本語を含むアジア圏で使用されることを前提としていた。

　実際に使用してみると、確かに文字コードを意識せずに使える感覚
があった。例えばPHPなどは、マルチバイト文字列関数は別途追加
する必要があったが、Asianux Serverではそんな作業をした記憶はな
い。また、Oracleとの相性も良いという評判だった。そんなこともあ
り、自分パッケージにはAsianux Serverを採用し、ライセンスを調達

した。結果は大正解。文字化けの問題で悩むことは無くなった。

　ただ、その当時から随分経過するので、そろそろ新しいディストリビューションで作り直そうと考えている。当時とはまた状況が違っているので、そのあたりも考慮して検討したい。文字コードの問題はシステム全体に関わるので、これも複数のエンジニアによる分業体制よりも、一人のほうが検討しやすい。

複数システムを同時開発できる理由

　ある部門向けの業務システムの開発がうまくいけば、クチコミで他の部門からも要望が来るようになる。そうやって部門や業務単位ごとにシステムを立ち上げ、気が付くと開発したシステムは10以上になっていた。

　複数のシステムで同時に機能追加を依頼されることもある。システム開発以外の仕事もあるので、がんばっても3件同時が限界であるが、複数システム開発は読者の皆さんが思っているほど難しくない。

　機能自体がシンプルなものが多いという理由もあるが、ポイントは作業の流れにある。依頼者もまだ要件を整理しきれていない状態からスタートするため、最初から全ての仕様を決めて作ることはほとんどない。ある程度形にしたところで、「ここはどうしますか、次はどうしますか」と依頼者にバトンを渡す。アジャイル開発みたいな要領である。

　依頼者はそれを持ち帰り相談したり検討したりするが、答えはしばらく返ってこない。答えが返ってくるまで数日から数週間かかる場合もある。その間に他のシステムの開発を行えばよいだけである（図15）。重なっても急ぎでなければ調整できる。

　そんなやり取りも、たいてい1対1なので会議室で打ち合わせなんてしない。皆わざわざ私の席まで来てくれる。会議室ではないので、

123

図15 依頼者にバトンを渡した後の時間で他の案件に対応

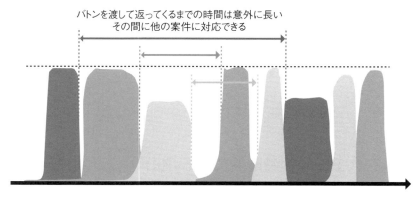

落着いてしまって時間を無駄にすることもないから、効率化につながっている。

　そう言えば転職前の前職で火消しチームにいたときも、こんな感じであった。ボスが大きな方向性と分担を決めたら、後は担当ごとで個別に調整する。計画は最初に作るから、予定通りならいちいち報告しなくてよいといった感じだった。大勢で会議や打ち合わせをした記憶はほとんど無い。ただし、自分で考えて自分で行動しないと何も進まない。一人で仕事を進められるようになったのは、この時期の経験のおかげかもしれない。

多くの要望に応える方策を見つける

　不思議なもので、忙しいときに限って仕事が次々に舞い込んでくる。口コミと言うのは社内でも影響力がある。特にうまくいったことは、誰もが自慢したがる。成果が報酬に結びついている環境ではなおさらである。

　業務システムの提供で現場の効率化ができたら、会社にとってもメリットが大きい。業務担当が効率化を実現できれば、その部門の成果

になり上司も評価される。それを見て、他の業務の担当者もやりたいと思うだろう。その結果、次々に依頼が舞い込んでくるようになるわけだ。残念なのは、それが私の評価にはつながらないことだ。

最初は順番に対応していたが、そんな事をしていると、どんどん要望がたまり、対応が何年も先になってしまう。あまり待たせると熱が冷めてしまい、どうせ頼んでもやってもらえない、というイメージもつきかねない。

業務システムを一人で作ること自体が結構無理をしているわけだが、何とか多くの要望に応えられないか模索していた。ここで「無理」と思ったら思考が停止してしまう。

困ったときは冷静に状況を客観視しよう。そこで先ほど書いたように、最初の意識合わせと大まかな仕様決めが済めば、以降は間隔の長いキャッチボールであることに気づいたというわけだ。最初にきっちりとした仕様が決められない状態でスタートするからでもある。

そもそも何をしたいのか整理できていない依頼者もいる。その場合、依頼者の話を聞いて、こちらがイメージしたものをざっと作り、それを見せて「ここ、どうする？」「こうしたほうがいいんじゃない？」などと質問を投げかける。依頼者は持ち帰って検討するが、すぐに答えは戻ってこないから、その間に他の案件をやればよいという流れになる。

要求仕様、手順書や運用フローは依頼者が作成

まずは2案件、慣れてきたら3案件と増やしていったが、さすがにサーバー関連などの通常業務を抱えながらなので、せいぜい3案件までである。これ以上に手を広げるとミスしそうである。作業負荷を軽減するための策として、依頼を受けるときの条件をつけた。「ドキュメントは作らない。テストはしない。運用はしない」である。

> **アドバイス**　「ドキュメントは作らない」で
> システム開発に専念しよう

　誤解を招くかもしれないので補足する。意味のないドキュメントは作らず、要求仕様、手順書や運用フローなどは依頼者が作成するのだ。これにより私が開発に専念できるだけでなく、依頼者も主体的な意識を持ち、頭の中を整理できるようになる（図16）。

　テストはしないと言っても、単体テストはもちろんするが、ユーザー視点でのテストは依頼者側でやってもらう。運用はしないというのは、リリース後は依頼者が責任を持って対応するということ。ユーザーからの問い合わせも受けてもらう。こういったことをすることで、依頼者の主体性が高まり、リリース後もうまく回るようになる。社内のシステムなので、この程度で十分だ。

　中にはきっちり進捗管理をしたがる人もいる。こういった柔軟なやり方をするときは、スケジュール化しないほうがうまくいく、というのが私の経験則だ。それは進捗に遅れが出始めると、スケジュールを

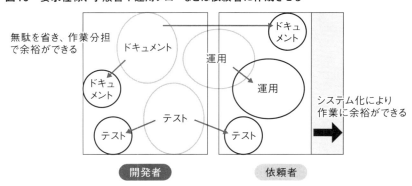

図16　要求仕様、手順書や運用フローなどは依頼者に作成させる

守ることが目的になり、それ以外の仕事を含めた全体の中での優先順位の判断がうまくできず、他の仕事も回らなくなってしまうのだ。逆に進捗に余裕があるときは、安心してしまい、それ以上の努力をしなくなってしまう。

> **アドバイス** ： 厳密なスケジュールや進捗管理は無駄

業務システムを個別に構築する真の意味

「社内の業務システムなのに、わざわざ複数のシステムを立ち上げる必要があるのか」と思う人もいるだろう。実は、それには経験に基づく理由がある。一つのシステムに集約すると責任の所在が曖昧になり、誰も近寄らなくなってしまうのである。

本来であれば基幹システムに機能追加すべきものもある。しかし、基幹システムは多くの部門が関わっていて責任の所在も曖昧なため、改造しようとすると全社的に根回しが必要になる。そんな面倒くさいことをするくらいなら、Excelと手作業でよいと考えてしまう人も多く、それが生産性を下げ、属人化も進み、貴重なデータを埋もれさせてしまうことになるのだ。

そこで部門ごとにシステムを構築することで、システム化のハードルを下げることにしたわけだ。自部門のシステムであれば、自部門の判断で改造も機能追加もしやすいため、依頼者の主体性が発揮して、積極的に仕様検討にも参加してくれるようになる。

> **アドバイス** ： システムは「部分最適」で作れ

しかし部門ごとのシステム構築は、個別最適システムの乱立に加担す

ることになる。もちろん、それも想定済みである。

　構築した業務システムは既に10以上あるが、データベースは一つであり、データは集約されていて活用しやすい状態にしてある。システム基盤も同じもの（自分パッケージ）を使っているため、システム統合も難しくない。認証の連携をすれば一つのシステムのように見せることも容易である。ユーザーの望みをかなえながら全体最適を考える。内製ならではの醍醐味だ。ITベンダーはここまでは考えてくれないだろう。

　本来はトップダウンでERP（統合基幹業務システム）を導入して、業務の見直しと共に全体最適をすべきだとは思う。だが、長い間現場主導で進めてきた「業務と密に連携した効率化システム」を大きく変えることは、経営者ですら難しい。IT部門が衰退・消滅した状態ではなおさらである。

個別最適のようで実は全体最適

　組織が大きくなるにつれ、部門間や担当者間の壁は高くなる。そんな中で全社横断的に利用される基幹システムは責任の所在は曖昧で、近寄りがたい。そういった厄介なものはIT部門が面倒を見ることになるのはどこの企業も同じであり、面倒を見るレベルもまちまちであろう。

　他の部門に影響がない改修程度であれば、調整無しで手を加える人もいたが、全体に影響するようなものは、全社的な根回しが必要であろうし、外部委託で改修するとなると、予算確保から必要になる。そんな状態なので、基幹システムの改修は非常にハードルが高い。

　さらにIT部門が消滅したことで、利用部門は相談先が無くなり、厄介なものを押し付けるところも無くなり、業務のシステム化はさらにハードルが高くなっていった。業務が変更になりシステムとの乖離

が発生しても、基幹システムを改造できない。業務担当者はその差を埋めるために、Excelを多用するようになる。その結果、生産性が落ち、貴重なデータが埋もれていくことになったのだ。

業務システムが内製できるようになったのはよいが、誰もが他の部門との調整を嫌うため、独自のシステムを作ってほしいと要望される。普通に考えれば個別最適となるが、先ほど述べたように自分パッケージを展開しておけば、メンテナンス性も高く、システム間連携も容易である。

> **アドバイス** 自分パッケージで全体最適を図れ

さらにデータベースも一つに集約しているので、一見システムごとの個別最適のように見えるが、実際は全体最適を実現できている（図17）。逆に、もし投資が抑制されておらず、システムごとに別の業者に開発

図17　個別最適のように見えるが、データベースの一元化で全体最適を実現

ユーザーから見れば個別最適（個別対応で満足）

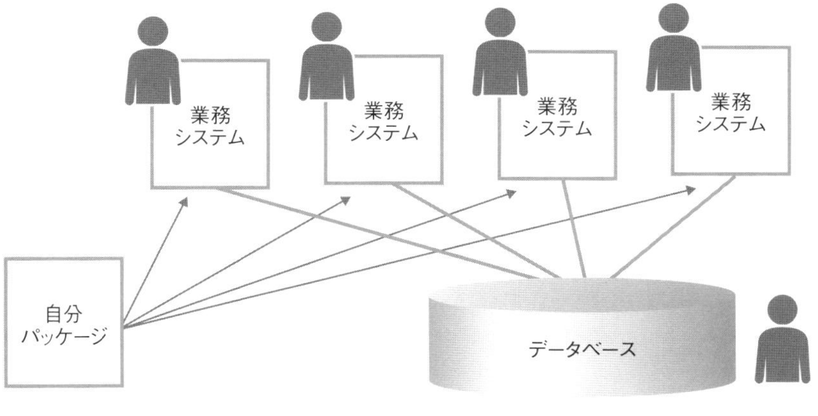

管理者から見れば全体最適（全体が統合されていて満足）

129

を委託していたら、どうなっていたか。それを想像すると恐ろしい。

データベースの中身を把握するのに苦労

　業務システムを作れるようになるにはプログラミング技術も大切だが、それだけではまともなシステムを作れない。基幹システムのデータを活用すると言葉で言うのは容易だが、実際には思っているほど簡単ではない。私の会社の基幹システムには数百ものテーブルがあり、活用するためには「どこに」「どんなデータが」「どんな形式で」「どんなタイミング」で格納されているのかを把握しなくてはならない。

> **アドバイス**　データ活用のために
> データベースの中身を把握せよ

　データベースの中身を把握するのには苦労した。まともな資料はレコードレイアウトくらいで、せめて具体的なシステムのデータモデルを示すER図（Entity Relationship Diagram）くらいは欲しかった。基幹システムのデータベースを眺めるようになってから10年近くが経過するが、いまだに知らないテーブルがたくさんある。

　主要なテーブルを把握できるようになると活用が進み始める。プログラミングスキルの習得とは別に、データベースの中身の理解も深めていく必要がある。

ギブ・アンド・テイクで良好な関係

　業務システムの使い方や利用ルールなどの質問なら、その業務の担当者に問い合わせてほしいところである。だが自社では従来、まずIT部門に問い合わせが来ていた。おそらく昔は技術的なトラブルが多かったため、まずはIT部門に問い合わせる流れができてしまって

いたと想像する。しかし、全サーバーを仮想化してからは技術的なトラブルはほとんど無くなった。

最近の問い合わせの多くは、私のほうでは分からないことがほとんどだ。分かりそうな人を探して転送するが、全社員が対象ということもあり、かなりの工数を取られてしまう。「私は104（電話の番号案内サービス）か！」と思うこともあった。この部分を改善しない限り、一人での運営は厳しい。

部門あるいはシステムごとに担当者を決めてもらい、問い合わせはそこで受けてもらうように流れを変更したいが、素直に「はい、分かりました」と承諾してくれるほど甘くはない。そこでギブ・アンド・テイクの関係を作ることにした。ユーザーが望む業務システムや機能を内製構築する代りに、問い合わせはそちらで受けてもらうように要望したのだ（図18）。

図18　ギブ・アンド・テイクで問い合わせの流れを変える

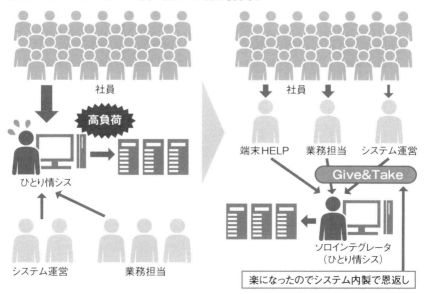

業務システムを予算確保無しで構築してもらえるとあって、「問い合わせ対応なんてお安い御用だ」という人がほとんどだった。それほどIT投資のハードルが高く、システム化・自動化に飢えていたのである。こうした取り組みにより、問い合わせ工数が大幅に減り、本来の業務に集中することができるようになっていった。

お金をかけずにシステムを作れる魔法の効果

昔から続いている業務の流れを変えることは難しい。組織が大きくなればなるほど、ますます難しくなる。IT部門という組織を失った末端社員となればなおさらである。中には、流れを変えるために強引に話を進めようとする人もいるが、そんな場合、周囲は納得していないので、敬遠され放置されるようになる。そして元の木阿弥に戻るという状況を何度も見てきた。

> **アドバイス** 強引に物事を進めても
> 良い結果は得られない

そうやって現場に敵を増やすようなやり方は、自分を苦しめるだけである。だから強引に話を進めるのではなく、相手が納得して引き受けてくれる方法を考えていた。

この問題についても、ITを味方につければ、解決できる。なにせこちらには、お金をかけずに業務システムを内製できるという魔法が使えるのだ。IT投資が抑制され、システム化、自動化に飢えている状況では、魔法の効果は大きい。

現場の業務担当者に「面倒くさい作業はありませんか、自動化してあげますので、そのかわり私の作業をそちらでやってくれませんか、自動化による効率化の成果はあなたのものです」と言うだけである。大抵は「お安い御用だ」と喜んで受け入れてくれる。私もプログラム

が作れて楽しい。本人も納得しているので、移管した作業が放置されて戻ってくることもない。そして業務の現場に私の味方も増える。まさにWin-Winのプランである。

> **アドバイス** ユーザーにプログラムを提供し
> 「お安い御用だ」と言わせよう

　こうやって作業を減らしていきながら、社内への影響力を拡大でき、感謝もされ、好きなプログラミングもできるという、一石二鳥どころか一石四鳥という状態になった。唯一残念なのは…もう言わなくてもお分かりだろう。

　日本企業の組織は、トップダウンよりもボトムアップで形成されてきた。現場が力を持っているため、中間管理職は、下からの突き上げと上からの圧力に悩まされる。海外のように上司は絶対で、気に入らなければ部下はクビと、いったことができない日本の雇用制度が影響している。だから、強引なやり方は反発を招きやすいのだ。

　そういう私も、管理職の権力で理不尽な要求を押し付けられそうになったり、誠意の無い対応をされたりしたときは、その人に関わる業務の優先順位を下げてしまう。そのような人を相手にしてもよいことはない。時にはバカなふりをして、「こいつ、使えない」と思わせることも自分を守る手段の一つである。システムが作れるようになるだけでなく、周辺の人との取引をうまくやれるようになることが、ひとり情シスを回すコツだと思う。

集まったデータに新たな価値

　内製した業務システムを安定的に利用してもらえるようになり、私もユーザーも満足していた。しかし人間は欲深いため、望みがかなう

と次の欲求が出てくるものである。データベースにたまったデータをいろんな形で集計したいという欲求だ。特にExcelによるデータ活用で苦労していた人ほど、その傾向は強いように見える。

　Excelは万能なツールであるが、あくまでも個人が使うことが前提だ。データ件数が増えたり条件が増えたりすると、途端に使い勝手が悪くなる。他のデータとの連携が複雑になると、Excelでは全く歯が立たない。入力時の全角半角や数字文字のチェックなども甘いためデータの品質も下がる。そういったExcelの限界で、運用が回らなくなり泣きついてくる人も少なくない。

　そこで要望に合わせて、SQLを書いて全社の様々なデータを提供することにした。定期的にデータが必要であれば、ユーザー自身でデータが取れるように、業務システムに機能追加したりもしている。

　各部門に埋もれていたデータをシステム内製により掘り起こし、データベースに格納して集計することだけでも価値があった。これに加え、データ提供により部門間、業務間、システム間のデータを紐付けられるようになると、さらに新たな価値が生まれる。

　世の中を見ても、紐付けるだけで大きな価値を生む例は多い。あの配車サービスのUBERは自動車所有者と利用者を紐付けることで、巨

図19　データを紐付けるだけで新たな価値が生まれる

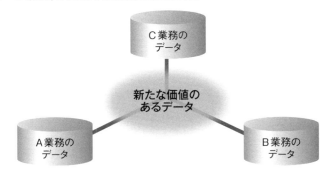

大なビジネスを生み出した。民泊仲介も同じである。突飛な例かもしれないが、本質的に考え方は同じはずだ。企業内の情報も紐付けるだけで価値が生まれる（図19）。そのためには、まず社内の各業務担当者に隠されているデータを集めなければならないが、ひとり情シスになったことで、従来なら難しかった取り組みも可能になったのだ。

SQLこそデータ活用に不可欠

　業務システムで一番重要なのはデータである。業務アプリはデータをやり取りするための手段でしかない。だから、開発言語がどうだの、オブジェクト指向がどうだの、流行りの技術がどうだのという議論にあまり意味はない。利用者にとっては、必要なときに必要なデータを簡単に入手できればよいだけである。

　それは作り手側にとっても都合が良い。自分の得意な技術で結果を出せばよいのだから。技術の選定も一人だからやりやすい、複数人で開発していたらそうはいかないだろう。

　最近は、集まったデータを活かそうという動きが社内で活発になってきた。以前は誰かが集計処理をしないと、今の状況も把握できなかったが、そういった作業をシステム化することで、いつでもリアルタイムに見られる環境を構築してきた。ミスを減らして業務品質を高めたいという要望や、今の状況を見るだけでなく過去からの推移も見たいという要望も増え、データ活用の階段を一段登ったような気がする。

　業務システムを社内に展開して、データが集まってきたから、次の段階に進める。データが集まらない限り次の段階に進めるはずもなく、システムが無ければデータは集められない。これまでやってきたことは、全てつながっているのだ（図20）。

　もちろんデータ活用と言っても、データがあればすぐに活用できるほど簡単な話ではない。そもそも活用の定義もない。便利に使えれば

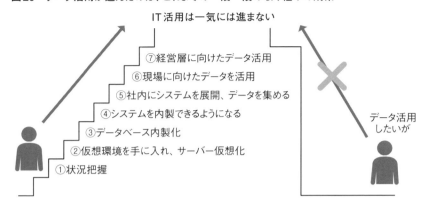

図20 データ活用が進んだのは、これまでの一段一段の取り組みの成果

　よいのだ。新たな価値を生み出すには試行錯誤が必要になる。

　そこで必要になるのはSQLであるが、いろんなデータを紐付けて新たな価値を生み出すには、ある程度複雑なSQLを書けないと厳しいかもしれない。だが複雑と言っても所詮select構文の延長だ。もちろんデータベースを握っていて、どんなデータがどのテーブルに格納されているのかを把握していることが前提である。

　また、SQLをいきなり本番環境で実行するわけにもいかないので、テスト環境を用意したほうがよいだろう。ある程度テスト環境で検証し、サーバーの負荷なども見たうえで、本番で実行するのがよい。勉強や社内システム向けであれば、商用製品でも無償で使えるライセンスなどもあるので、そういったものはありがたく活用するとよい。内製はライセンスの面でも都合がよいことが多い。

業務システム内製のカギは
「自分パッケージ」 | 第6章

業務システム開発時のSQL活用術

　業務システムを内製するときに心がけていることがある。特に参照系であるが、画面のプログラムはシンプルにして、できるだけSQLで処理するようにしている。経験上、画面のプログラムにロジックをもたせると不具合が発生しやすくなり、再利用や改造もしにくくなるからだ。

> **アドバイス** 画面プログラムはシンプルに
> できるだけSQLで処理

　画面は作らずSQLだけ提供することもある。画面を作っている時間が無いときや、お試しで使ってみると言ったときにSQLだけ提供する。業務担当者は、そのSQLを自分で実行して結果を取得してもらう。ユーザーがSQLを実行できる画面も作った。本格的に運用するようになったら画面化してあげればよい。このように、二段階でシステム化を目指すことも多い。

　Web化の際にグラフの表示を要望されることが度々ある。しかし、Webでグラフを直接表示することについては断るようにしている。その代わりExcelにデータをはき出す仕組みを作って、グラフ表示はExcelに任せるようにしている。グラフは見せ方の変更が多く、オフラインでもグラフを使いたい要望が多いからである。Excel連携の仕組みだけ用意して、グラフはExcelに任せることで、その先の負荷も軽減している。グラフは所詮オマケで

137

しかない。

> アドバイス：グラフ作成はExcelに任せよう

　Excel連携の方式は2種類用意している。一つはExcel作成ライブラリーを使用する方法と、マクロを埋め込んだExcelをダウンロードして、サーバーにデータを取りに行く方法だ（図D）。どちらも一長一短であるが、Excelのバージョンアップなども考慮すると、後者のExcelからデータを取りに行く方法が無難かもしれない。

JavaやRuby、PythonよりもSQL
　既に基幹システムのデータベースがあるなら、システムが作れなく

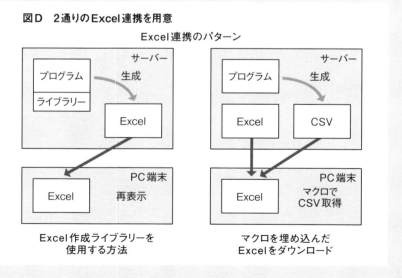

図D　2通りのExcel連携を用意

てもデータの活用に進むこともできる。ただしデータベースをITベンダーに握られ、手も足も出ない状態だとしたら、まずそれを取り戻すことから始めよう。

データベースに触れて、データの中身をある程度把握できているとしたら、SQLさえ勉強すればデータの取得や集計ができるようになる。データベースの中身なんてExcelの表が集まったようなものだ。テーブルやデータを根気よく眺めていれば、何となく想像できるようになる。

業務システムでは、データベースを使っている以上SQLは絶対に必要になる。だったら最初に学んだ方がよい。プログラミング言語と言うと、JavaやRuby、Pythonなどをイメージするだろうが、それだけを勉教したところで、すぐには成果を得られないが、SQLなら単体でも成果を得ることができる。

SQLでデータを取得するだけならselect構文さえ覚えればよい。updateやinsertを覚えるのはWebシステムが作れるようになってからでも構わない。ポイントは結合と副問い合わせだ。複数のテーブルを結合するだけである。これさえできれば大抵の事ができるようになる。

> **アドバイス** ポイントは結合と副問い合わせ
> これさえできれば大抵の事ができる

SQL上達の早道とは？

分厚い参考書を頭から読むよりも、インターネット上のサンプルを見て、実際に書いて実行したほうがイメージが湧きやすい。あとはたくさん書いていくうちに上達してくるだろう。面倒なのはテーブルやデータの作成。だから社内にデータベースが既にあるなら、それをコ

ピーしてテスト環境を作り、そこで勉強するのが早道である。

　PHPでWeb-DBシステムを構築するセミナーに参加して、システム を作る気になった人の話をしよう。セミナーの主眼がPHPに置かれて いたようで、SQLを実行することはできても、肝心のSQLの書き方が 分からず、結局システムは作れなかっただけでなく、画面に表示する ためのデータを一時的に格納するテーブルを作成してもよいかを訪ね に来る始末。

　その人の話を聞いてみると、結合と副問い合わせを知らないためか、 単純なselect文を何回か発行してPHPで結合して、その結果をいった ん一時テーブルに吐き出して、表示し直すという、なんとも複雑なプ ログラムを作ろうとしていたようだ。さらに驚いたことは、同じよう な発想をする人がほかにもいたのだ。

　システムを作るには、プログラミング言語や技術のほかにも、必要 な何かがあるようだ。それが何だかよく分からないが、もしかしたら 前職の大規模開発の中で、先輩が書いたプログラムに触れていたこと で、その何かを学んでいたのかもしれない。良質なプログラムに触れ ることで、プログラミングスキルは確実に上達する。

第7章

ITベンダーの支援を失う危機を乗り切れ

一人で何でもやらざるを得ない状況だとしても、全部一人でやるの
は無理である。何でもかんでもITベンダーに外部委託していた状態
から、内製のほうがメリットあるものだけを徐々に内部に取り込んで
いるだけだ。

外部委託すべき業務を見極める

　コストがかかったとしても外部委託が妥当と判断したものは、今後
も外部委託を選択するつもりだ。例えば基幹システムは規模も大き
く、お金の計算もしていることから品質や信頼性への要求も高いた
め、さすがに一人体制では手に負えるものではない。見た目を少し変
える程度の改修なら可能かもしれないが、実際は契約などの問題から
容易に手が出せないため、今のところ外部委託以外の選択肢は無い。

　台数が多く問い合わせも多いPC端末サポートも、最近は多くの
サービスがそろっているため外部委託が妥当である。インフラ構築時
も特殊な機器は高度なつなぎのスキルが必要になる。自分ではできな
い領域はITベンダーにお願いをしている。

　そのようなわけで、ひとり情シス、内製強化と言っても外部委託は
欠かせない。むしろ一人だからこそITベンダーのサポートが欠かせ
ないと言える。お世辞ではなく、ひとり情シスにとってITベンダー
は非常に重要なパートナーである。自分ができない事をやってもらう
のだから、当然こちらはお願いする立場である。

　世間ではITベンダーや所属するエンジニアは、顧客から無理難題
を言われる存在であり、相当苦労していると聞く。「お前は他人のこ
とを心配できる立場か」と言われそうであるが、私も前職ではITベ
ンダー側の立場で顧客の無理難題に悩まされた経験があるので、他人
事とは思えない。

図21　一人で運営するにはITベンダーのサポートが必要

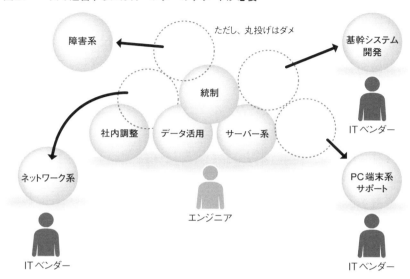

「カネを払っているんだから、ITベンダーが無理難題を聞くのは当然」という考えもあるだろうが、ITベンダーとの良い関係こそが良いシステムの構築につながり、コスト削減にもつながる（図21）。

私の場合、米国企業のように外部委託とパッケージと内製を適材適所でバランス良く適用することを目指している。ただ、外部委託の比率が高い状態から内製比率を上げるのは、一人という状況では容易なことではない。

日本企業の多くで外部委託の比率が高いという状況のようだが、戦略的な領域や、素晴らしいアイデアが含まれる領域まで外部委託しているとしたら、受注したITベンダーはそのアイデアを頂いて他のユーザー企業で稼いでいるかもしれない。そういった企業競争力に影響するところは内製したほうがよいが、IT部門が衰退している企業から素晴らしいアイデアがそもそも出るかは疑問である。

ITベンダーの協力があってこその成果

　外部委託と内製はバランスである。何でもかんでも内製化すればよいというものでもない。日本企業は雇用制度の影響もあって、外部委託の比率が高いが、社内にエンジニアがいなければIT活用が進むはずもない。ITベンダーに提案を求めても、所詮は他人の会社。自社にとって価値あるIT投資とは何かは、その会社の社員が答えを出すのが一番の現実解だと思う。

　ひとり情シスは、物理的リソースが限られているので、ITベンダーに協力をお願いしないと業務が回らない。そこで、内製化のメリットがあるところだけ、外部委託から内製に切り替えてきたが、その判断の拠り所は、内製にしたときに回るかどうかのほかに、自分の将来のためになるかということである。

> **アドバイス**　「自分の将来のためになるか」が
> 委託か内製かの判断の拠り所

　仮想環境、仮想サーバーやデータベース、ストレージサーバーといったサーバー系は、データの活用や社内の統制、自動化などもしやすいので、内製の価値は大きい。一方、PC端末のノウハウは陳腐化も早く、内製化の価値は低い。だから外部委託したほうがよい。ネットワークは重要だが、それ自身にその先の活用が見えてこないので、これも外部委託、という感じで判断している。ひとり情シスの中でも、私はサーバー寄りのひとり情シスといったところであろうか。

　ITベンダーがサポートしてくれているからこそ、自分はサーバー系の作業に集中でき、成果を出すことができている。業務システムの内製ができたといっても、所詮は基幹システムのおまけ的な存在。高度で複雑な基幹システムのアプリケーション開発は一人では難しい。ただし、将来ERP（統合基幹業務システム）の導入などでパッケー

ジに置き換われば、一人で面倒を見ることも可能になるかもしれない。

　必要なときにITベンダーに協力してもらい、自分のスキルアップにつなげる。ITベンダーにはもっと高度な事を学んでもらって、それをユーザー企業にフィードバックしてもらう。多くの企業相手に経験を積んだエンジニアと一緒に作業ができる機会は、自分の成長のまたとないチャンスだ。

　これがITベンダーとの理想の付き合い方ではないだろうか。ITベンダーには、ユーザー企業のレベルの低い問い合わせへの対応や無理難題に振り回されてほしくない。ITベンダー側にいたこともある私には、ITベンダーの気持ちがよく分かる。

何もできないとITベンダーに足元を見られる

　ITスキルが低い人ほど、ITベンダーを単なる作業者としか見ていない人が多い。中にはそんな業者もいることは確かだが、自分ができない事をお願いしているはずなのに、無理難題でITベンダーのエンジニアを悩ます人は少なくないようだ。お金を出すほうがそんなに偉いんだろうかと思ってしまう。この先の人材不足で、その立場も逆転する可能性もある。

　この先の人材不足、エンジニア不足はますます悪化していくだろう。それはITベンダーもユーザー企業も同じである。ITの領域がどんどん拡大していくなか、どうやってそれを乗り切るかが大きな課題だ。何でもかんでもITベンダーにやらせていると、ITコストが肥大化し経営面での負担も大きくなっていく。だが衰退しきったIT部門にこれ以上のコスト削減は難しいだろう。さてどうするのか。

　実際、最近の見積もりを見ると、作業費が高騰している気がしてならない。エンジニア不足の影響なのだろうか、それともやりたくない

145

という意思表示なのかはよく分からない。コンピュータは進化して、昔と同じコストでも性能が倍々になり、簡単にセットアップできるようになってきているはずだが、作業に関しては逆に増えているようにさえ見える。

　ちょっとしたことは自分でできるようになっておかないと、ITベンダーに足元を見られ、結局自分を苦しめることになる。見方を変えれば人材不足の今は、自分で何でもできるようになるチャンスであり、自分の価値を高めるチャンスである。

　その追い風により、自分のエンジニアとしての価値がさらに高まる可能性を秘めている。ユーザー企業がITコスト削減をしながら、IT活用をしたいと考えるようになれば、多能工エンジニアを求める動きが始まるかもしれない。そのチャンスが来るまでに、ITベンダーにいろいろ教えてもらって、自分のスキルをアップしておこう。

ITベンダーに見切りをつけられる事態

　まだIT投資が旺盛だった頃、ITベンダーの営業担当者が「何かご用件はありませんか」とよく顔を出していた。しかし、景気が低迷し投資が減ってくると、ITベンダーの対応に変化が出始める。営業担当者の訪問回数が減るのは全く問題ない。影響があったのは、基幹システムの運用保守メンバーのチェンジである。

　お金があるときには第一線級の人材がそろっていたが、徐々に入れ替わり「大丈夫かな」と思うような状況になった。委託なのでメンバーを指定できるわけではないが、さすがに心配になるようなメンバーが来たときもあった。案の定、トラブルが以前よりも増え、若いメンバーがデータベースのデータを半日分消してしまうという大惨事まで起きた。

エンジニア不足、人材不足はITベンダーも同じであり、儲からないところに第一線級の人材をいつまでも置いておくはずがない。「金の切れ目が縁の切れ目」と言うが、まさにそれを感じた。そもそも予算の小さい中堅中小企業の仕事は儲からないため、ITベンダーに敬遠される傾向にある。ITのスキルが低い企業は手間がかかるので、なおさらである。

当時、基幹システムはログインとシャットダウン以外は手が出せない状態だったこともあり、そんな状態で縁を切られたら本当に困るという危機感があった。ひとり情シスになってからはいろいろと教えてもらいながら、できる限りの調査をしてから問い合わせたり、ちょっとした作業は自分で対応したりするなどして、敬遠されない顧客になろうと努力した。結果として、それが後々の内製化やデータ活用につながることになり、この先の予算減少の中でもITベンダーとの良い関係も維持することができた。

ITベンダーもレベルの低い問い合わせに振り回されたくはないはずだ。ITベンダーには高度な部分でがんばってもらって、自分でできる部分は極力、ユーザー企業の内製で対応してコストを下げるというのが、ITベンダーとの理想の関係だと思う。

妥当性が分からない保守運用委託

ITベンダーに協力を求めるパターンは、大きく分けて2種類。システム構築や設備投資などの一時的な対応と、保守やシステム運用サポートなどの長期的な関わりだ。一時的な対応は、作業負荷も高く、費用対効果も出しやすいのでITベンダーにお願いすることの妥当性はあるが、保守や運用サポートなどは、どこまでのサービスが妥当かを判断しにくいので、コストの妥当性も見いだしにくい。

また、コンピュータの性能はスペック値で比較できるが、人の性能

値を測るのは難しい。ソフトウエアエンジニアの生産性は、優秀な人とそうではない人の差は何倍、何十倍もの差があると言われている。つまり、一人の作業量の曖昧さがある以上、妥当かどうかの判断もできない。以前は外部委託のエンジニアが一人で回していたことを、社員が3人かかっても回しきれないという状態も実際に見ている。

　必要性や妥当性が分からないので、社内のコスト削減要求をそのままITベンダーに投げることになる。実際に作業したことがないどころか、どんな作業をやっているのかも把握していない人には、高い安いの判断ができるはずがない。

　外部委託は依頼内容を固定化してしまうため、改善が進みにくい。それなのにコスト削減を要求される。委託されたITベンダーにとってはなんとも理不尽な状況にも見える。もともとITベンダーの人月商売はそれほど利益が出る商売ではなく、作業費はその人の給料である。コスト削減要求は給料を減らせと言っているようなものだ。

　一方で、ソフトウエアライセンスや保守費に関しては、コスト削減要望を聞いたことが無い。私にも違いがよく分からないが、自社の独自業務の委託か、標準化されたサービスの違いなのだろうか。そういった状況もあってか、最近はITベンダーも標準化した保守やサポートに業務をシフトする動きになっているように見える。人材不足が進むなか、儲からないユーザー企業はITベンダーに見切りをつけられる可能性もある。

基幹システムを委託していたITベンダーが撤退

　実は過去に一度、基幹システムの運営サポートを委託していたITベンダーに撤退されている。比較的優秀な人材を常駐させてもらっていただけに、撤退は痛かった。ITベンダーの言い分としては、エンジニアのキャリアパスを考えて戻すことに決めたが、それに変わる人

材が確保できないので撤退する、という話だったようだ。想像ではあるが、優秀な人材をもっと単価の高い儲かるところに回したかったのかもしれない。

その後、別のITベンダーにお願いすることになったが、当時はまだエンジニア不足が深刻化していなかったので、比較的容易に第一線級のメンバーをアサインしてもらうことができた。しかし、それも長く続かず徐々に新人へのシフトが進み、作業ミスにより大惨事につながることになった。そんな状況に危機感を持つようになり、私は内製化にカジを切ることにした。

日本ではITベンダー側に7割ものエンジニアが所属している。米国ではその逆である。日本のユーザー企業がエンジニアを抱えなくなってきたからだろうが、日本独特の雇用環境の影響も大きい。その結果、ユーザー企業は技術力を失い、過度なITベンダー依存となっていく。

そんな状況で、エンジニア不足がさらに進んだらどうなるだろう。何もできないユーザー企業は間違いなくITベンダーに足元を見られるか、切り捨てられることになるだろう。そうなる前に、ある程度の事は内製で対応できるようになっておいたほうがよい。

「リスク」を丸投げすると「コスト」で戻る

基幹システムへの投資は削減の方向だったので、まだ投資予算があるうちにやれることをやっておこうと考えた。と言っても、やりたい事に対して予算が潤沢にあるわけではないため、コストを下げる努力が必要になる。

サーバーなどの機材購入と違って、システム開発費などは根拠なしの値引きを求めにくい。いまだに人月計算で見積もりを作成している

からである。となると、機能の削減、過剰な品質の見直し、誰も見ないドキュメント削除などでコストを抑えるわけだが、さらに次のような対応で料金を抑えてもらうこともあった。

たいてい料金が高いと思う部分は、手間がかかるところと、リスクがあるところである。例えば上司から仕事を依頼されたときに、時間がかかりそうな場合やリスクがある場合には、誰でも余裕を持った納期を提示するだろう。ITベンダーも同じである（図22）。つまりリスクはコストであり、リスクを下げることができれば安くしてもらえる可能性があるのだ。

例えば開発・テスト時の環境。快適な開発・テスト環境を構築してITベンダーに提供することで、開発効率のアップが期待できる。その分、安くしてもらえる可能性が高い。自社の基幹システムは関連システムと連携していて、それらが正しく連携し合って初めて全体とし

図22　リスクはコストとなって跳ね返ってくる

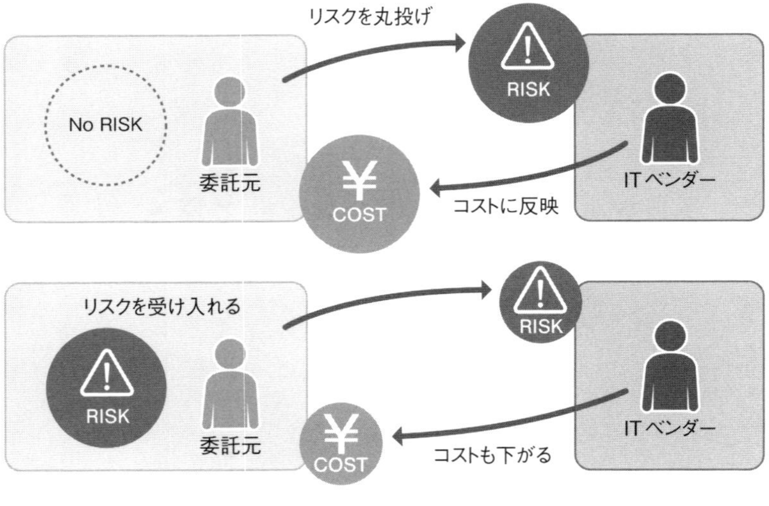

て動作する。そのため、ITベンダーが持ち帰って開発するためには擬似環境の構築が必要になるが、その構築だけでも大変な作業である。当然そのコストも料金に含まれているはずだ。

> **アドバイス：リスクやコストを減らす工夫で ITベンダーから低料金を引き出せる**

そこで、オンプレミスの仮想環境に、必要なものを全てそろえた開発・テスト環境を構築した。ピーク時はそれを3セット構築し、現行の開発用、次回リリース環境用、現行環境確認用と目的に応じた開発・テスト環境の同時に提供することで、フェーズの異なる開発を同時に行えるようにした。

これだけでも20台以上のサーバーが必要になったが、仮想環境なのでサーバーの複製はそれほど大変ではない。注意が必要なのはライセンスである。全てOSS（オープンソースソフトウエア）で開発するなら別だが、Windows ServerやOracleなどの商用ライセンスは複製した分も必要である。ただ、それは仮想環境を構築する際に想定済みで、CPUライセンスを必要分調達して環境構築をしていた。

実は、仮想環境を構築するときに、その先の利用と効果までを想像して投資をした結果である。随分前、自宅でリラックスしながら「理想のサーバー環境ってなんだろう。こんなことができたら、楽になるなぁ」と考えながら、絵を描いた記録が残っていて、それが大いに役立った。急に「やって！」って言われて慌てて計画したら、検討漏れや買い忘れが発生し、後々苦労したはずだ。

> **アドバイス：仮想環境の構築の際 将来の利用と効果を想定すべし**

開発・テスト環境は本番とほぼ同じ環境で動かしながら、開発・デ

バックできるので非常に効率が良いと自負していたが、ITベンダーから「環境を使わせてください」と言われた時は本当に嬉しかった。仮想サーバーは不要になったら削除すればよいだけなので無駄もない。サーバー集約だけの目的でオンプレミスの仮想環境を運営している企業は多いだろうが、「もっと活用しないともったいない」と余計なおせっかいも言いたくなる。

他にも、テストを行うときのテストデータ作成工数を最小限にする工夫や、リリース後の不具合解析時に本番環境を停止せずに、クローンを作成して再現率100％の環境で調査してもらうなど、ITベンダーが楽になるような工夫はいくらでもある。これにより、ITベンダーとの良好な関係を作れるだけでなく、開発費抑制にもつながるのだ。

開発テスト環境の出来や数で効率が決まる

委託開発で意外に工数のかかる作業が、開発環境やテスト環境の構築運営である。前職の大規模開発でも、開発ピーク時は、少ないテスト環境は奪い合いの状態。順番待ちのため効率が非常に悪い。私は通信系のプログラム担当だったが、テスト環境には通信相手がいなかったので、自分のプログラムのほかに、通信相手となる疑似プログラムまで作る必要があった。開発テスト環境の出来や数によって開発効率に大きく影響することは学んでいた。

手間をかけて、疑似プログラムを作ってテストしていたおかげで、本当の相手との通信テストは、こちらの問題はほとんど無かった。しかし、相手が全くテストしていなかったのか、相手のデバックに付き合わされる羽目になる。テストのために来たはずの３人は「動かない」と言うばかりだ。

こちらでトレースしたパケットを読みながら「ここでNACKを返しているので、こちらが切断しているんですと」いった説明をする

も、よく分かっていない様子。どうやらテストのためだけに来たようだ。結局、その後の再テストにまで付き合わされることになったが、こういった事があるとしたら、次の見積もりはもう少しリスクを多めに乗せようと考えてしまう。

　そんな経験をしていたので、開発を委託するにしても、こちらで十分な開発テスト環境を用意できれば、開発もスムーズに進むと考えた。小さい開発であればあるほど、開発テスト環境構築の工数の比率が高いので、割高感が増していく。仮想環境の空きを利用してサーバーが作り放題だったので、開発テスト環境は、複数用意することにした。

> **アドバイス**：**外部依託する場合も**
> **開発テスト環境は自ら用意せよ**

　それによって、フェーズが異なる開発も同時に行うことができ、工数は削減された。要らなくなったら削除すればよいから、維持管理コストも無い。

　しかし実際には、委託金額は発注段階で決まっているので、金額の削減にはつながらない。その代わりに空いた時間で別の機能を作ってもらったり、いろいろ勉強させてもらったりする時間として使わせてもらった。そうやって勉強する方法もあるのだ。

　テスト環境を作るときも本番環境のデータを活用してテストを行うことで、テストデータ作成の工数を大幅削減したり、より実践的なテストを行えたりするようになり、リリース後の不具合減少につながったと思う。リリース後に不具合が発生しても、稼働したまま環境をコピーできるので、本番環境を触る必要もなく、心置きなく調査してもらえるので解決も早くなる。

　サーバーを簡単にコピーできる環境が無かったら、こういった事もできなかったであろう。私が仮想環境を手に入れて使い倒せとしつこ

く言う理由も理解してもらえると思う。

仮想環境のコピーとクローンの違いとは

参考までに書いておくと、仮想環境のコピーとクローンには若干の違いがある。コピーは全く同じもの、クローンは一部の設定が変わる。例えばMACアドレスがクローンでは違う。そのため、MACアドレスなどに影響するソフトウエアなどはクローンでは動かなくなる。何かの障害で復活させることがあったときに注意が必要だ。手動で強制変更できるが、前のMACアドレスが分からないと戻せない。

ついでにもう一つ。仮想環境のスナップショット機能は本当に便利だ。しかし多用するのは危険である。あくまでも一時的なバックアップと考えるべきだ。なぜなら、スナップショットをは取るのは一瞬だが、戻すのにはものすごく時間がかかる。またディスク容量の変更ができなくなる。スナップショットを取った以降は、差分データが保存されるが、実データ量が割当容量を超えてしまう可能性がある。

これはVMwareの注意点ではあるが、他の仮想ソフトウエアも似たようなものだと思われる。スナップショットは必要が無くなったら、すぐに消したほうがよい。そのようなこともあって、私はストレージサーバーを中心とした仮想環境にしている。バックアップはストレージに任せればよいのだ。仮想サーバーのスナップショットをバックアップ的に使用してはいけない。

インフラ構築もリスクを取ってコスト削減

主にシステム開発ベンダーとの関係について説明してきたが、インフラ構築を専門とするITベンダーでも同じである。BCP（事業継続計画）対応で仮想サーバー環境を構築した際も、自分でできるところ

は自分でやってコストを抑えてきた。

　実際、20台のホストサーバーを構築するときに、ITベンダーに作業してもらったのは3台だけ。残りは自分で行った。その時の見積もりは3台の環境の構築費用と教育費用である。つまり3台の仮想サーバーを構築する際、一緒に作業させてもらい、その後の運用を含め、優秀なエンジニアのノウハウも伝授してもらった。もちろん、自分で構築した部分の責任は自分にある。

> **アドバイス** 環境構築を全部依託するより
> 教育費を出して自らも学べ

　セミナーと違い、現実感100％の本番環境であり、しかもマン・ツー・マン指導。優秀なエンジニアの経験を交えた教育指導は、非常に贅沢であり価値がある。もちろん私も、環境構築後の運用は自分で面倒を見ることになるので必死になって学ぶ。セミナーで眠気を必死に我慢している状況とは違う。

　パッケージソフトウエアの保守については良かったと思うものは少ない。最近は、ITベンダーの優秀なエンジニアはなかなか表に出て来ない。そのため、保守サービスで有益な対応を得られにくくなっているように感じる。ソフトウエアのライセンスを購入すると、初年度保守は必須といった条件が付いていることが多いが、実際に障害発生時に問い合わせても自分が調べた以上のものが、なかなか出て来ないのだ。

　大手ITベンダーの場合、ヘルプデスクを海外に委託していたりするので、マニュアル以外のことは一切関与しない。システムが止まって焦っているのに、ヘルプデスクの事務的な対応で空気感の違いを感じたり、自社の製品は悪くないことを必死で説明するサポート担当者に出くわしたりすることもあった。

　現場でトラブルを目の当たりにしている立場としては、製品の障害

の原因よりも、まずは暫定でもよいので危機的な状態から復旧するためのヒントが欲しい。それに応えてもらえない場合、結局自分で何とかするしかないため保守契約している意味が無い。そうした保守は、コスト削減の対象とした。

　もちろん何かあった時は自己責任であるが、いろんなリカバリー方法を想定しておけば、困ることはほとんどない。リスクを抱えるならコストは下がる。コストをかけて保守を頼んでも、いざという時に役に立つかは分からない。そんな印象である。

　保守契約を結ばないと不具合のパッチですら提供しないというITベンダーもあるので注意が必要である。そういった悪意とも感じられるような対応をするITベンダーの製品は、今後とも選択肢として残すか否かの検討も必要である。

代替案があるなら保守を見直す

　大型投資のチャンスは滅多にない。だから、投資のチャンスがあったら最大限に活かしたいとの思いがある。限られた予算の中で、できるだけ価値のあるものを手に入れるためにどうすればよいか。見積もりを眺めていると、作業費の割合が高いことに気付く。つまり人件費である。しかも、値引き交渉を続けても作業費はあまり下がらない。だからこそ、この作業費を何とかしたかった。

　そこで、自分でできることは自分でやって、作業費を抑えることをITベンダーにお願いすると、自己責任であればかまわないと了解をもらえた。そこで、見積もりには必要最低限の作業費に教育費用をのせてもらうことで作業費を抑えるとともに、その分を機材のほうに回すことにした。

　これは自分にとっても願ったりかなったりである。抑えた作業費を機材に回し、自分のスキルアップもできるのだ。経験豊富なエンジニ

アに他社の失敗事例などを聞きながら、作業を教えてもらえるので、非常に効率が良い。しかし、こういったことを嫌うITベンダーもいるので、このあたりはITベンダーとの関係次第なのかもしれない。

> **アドバイス：リスクを取れば**
> **良い機材とスキルが手に入る**

　ここで問題になるのは、自分でやった分は自己責任であるということである。これには正直覚悟が必要だ。何か問題が起きても自分で解決しなければならない。私の場合、悩む必要は無かった。なぜなら、これまでも結局自分で解決してきたので何も変わらない。実際に障害が発生したとき、問い合わせても全く役に立たなかったことも多いから、故障修理以外はITベンダーの保守には期待していない。

　いざという時のために入っていた保守が、実際に障害が起きたときに、何も役に立たなかったときのショックは大きい。そういった保守は思い切ってやめた。緊急事態の状況を説明した後に「デンゲン・ハ・ハイッテイマスカ」と言われたときには、さすがに電話を切りそうになった。

　保守をやめるか継続するかの判断は「もし何かあったらこうすればよい」と代替案がイメージできるかどうか。イメージできるなら保守は不要の可能性があり、できないのであれば保守を継続するようにしている。保守については今一度見直してみてもよいだろう。

不安はハードウエア同士の相性問題

　とは言いながらも、今でも不安なことがある。最近はかなり少なくなったが、相性問題である。私の環境でもこれまでに、まれに発生している。サーバーにオプションで機器を追加した時などに障害が出やすい。初期不良で対応できる分にはよいが、中途半端に動きながら

時々障害が起こる場合が厄介だ。

　最近では、追加した10Gカードで年に数回程度、通信断が発生するという現象が発生した。幸い二重化していたので運用上の影響は無かったが、気持ちの良いものではない。ドライバーを変更しても状況は変わらなかったが、そのカードを他のサーバーに移し替えてみたら安定して動くようになった。

　ラックマウントサーバーのパネルを開けて部品交換をするのは少々勇気がいるが、ITベンダーの保守要員は普通にやっているようだ。ただ、もしそんな機会があったなら静電対策はしたほうがよいと忠告しておく。

　最近はITベンダーのレベルも下がっているように感じる。いや、優秀な人材は表に出てこなくなっているのかもしれない。ITベンダーのエンジニアと雑談をした時にも、ネットワーク系エンジニアはそこそこいるらしいが、サーバー系のエンジニアは少ないそうだ。また、Androidやゲームの盛り上がりで、Linux系のエンジニアも不足しているし、全体を見渡せる人材も貴重な存在らしい。

　このように情報を集めていくと、世の中が欲しているエンジニア像が見えてこないだろうか。ブームに振り回されるより、自分の力で集めた情報を信じたほうがよい。

システム寿命を長くする手立て

　私が業務システムを開発するときに心がけていることがある。それは、リプレースの間隔をできるだけ長くすることだ。

　業務の寿命はシステム寿命よりも長いことが多く、10年以上も変わらない業務もある。当然システムは使われ続けるが、システムを構成するソフトウエアには寿命があるので、それに引きずられてリプレースが必要になる。例えば、業務的に変更する必要のないシステムであってもOSがWindows Serverであれば、OSのサポート終了前にアップグレードや、場合によってはリプレースが必要になる。

> **アドバイス** ソフトウエアの寿命に注意

　システムを使用している人にとっては、OSが何であるかなんて知る由もない。それが内製のシステムであれば、自分たちの努力で何とかすることも可能であるが、外部委託で開発したシステムとなるとリプレースのコストが発生する。そうなると「なぜ変更する必要の無いものを、カネをかけて変更するんだ」という議論になり、その費用負担で揉めてしまう。それを避けるために、できるだけ長く使えるシステムになるよう心がけているのである。

　そういった事情から、内製システムはLinuxなどもともとサポート終了などの影響が少ないOSを採用したり、できるだけ開発言語を素で使い、フレームワークや寿命が短そうなライブラリーの使用

を控えたりすることで対策をしている。だが、ITベンダーに委託した場合、そのコントロールが難しい。

　ITベンダーも開発効率や品質を維持するための仕組みやソフトウエアがあり、ITベンダーごとに得意な技術や手法がある。それに乗らなければ、コストがかかってしまうとITベンダーから言われることもよくある。

　Linuxでの開発を要望しても、エンジニアが確保できない、あるいはコストがかかるなどの理由で妥協せざるを得ない状況になる。しかし妥協してしまうと、Windowsのサポート終了などのたびにリプレースしなくてはいけなくなり、作業が増えるという残念な結果になることが多い。

　ITベンダーは委託された開発だけ考えていればよいかもしれないが、その後ずっと面倒を見る立場のことも少しは理解して開発してもらえるとありがたい。だが、そこまでこだわるなら、やはり内製化したほうがよいということになる。

ITベンダー都合を受け入れない

　業務は何も変わっていないのに、なぜかリプレースを迫られる。ユーザーにとっては理不尽に思えるかもしれない。その理由にはハードウエアの老朽化もあるだろうし、ソフトウエアの寿命もある。ハードウエアの老朽化は仮想化により解決したが、ソフトウエアの寿命はどうすることもできない。できることは寿命が短そうなソフトウエアは極力使わないことだ。

　寿命の身近さが問題になるソフトウエアはOSやミドルウエア、ライブラリー、フレームワークなどである。よく聞くのは、開発効率を

上げるためにフレームワークを使用したが、そのサポートが終了したため、周辺のソフトウエアのバージョンアップに追随できずに、システム自体が寿命を迎えてしまうというもの。

> **アドバイス** 開発効率を上げるために
> システム寿命を短くするのは愚か

こうなってしまうと手の打ちようがないので、大抵は作り直しである。ちょっとした開発効率化のために、システム寿命を短くしてしまうのは本末転倒だが、未来は誰にも予測できない。そういったリスクを少しでも減らすため、Linuxを使い、怪しげなフレームワークなどは使わず、プログラミング言語を素の状態で使うようにしている。

ただし、そうやって寿命を長くするのも一長一短である。リプレースの時期を逸してしまうのである。仮想化されて老朽化の心配が無くなったため、昔のLinuxサーバーもまだ現役で稼働している。そうなると大きな問題でもない限り、作り直しの話は後回しになってしまう。

ITベンダーにシステムを作ってほしいと委託すると、ITベンダー都合のシステムになることが多い。OSやミドルウエアなどもITベンダー都合であることが多い。流行りの技術を使われることもあり、それが寿命を短くする結果につながることもあるが、実際にはそのコントロールは難しいことが多い。ITベンダーもそれを使うことで開発効率を向上させているケースがあるからだ。

その時「まぁ仕方がないか」と判断した結果が出るのは何年も先である。未来のことは誰にも分からない。だとしたら、面白そうな技術を選択して「なるようになる」と考えたほうが気楽なのかもしれない。

さらに注意したいのは外部ライブラリーだ、社内システムでもたま

に見かけるが、外部のサイトのJavaScriptライブラリーを使用してい
る時がある。社外のネットワークは障害以外だけでなく混雑して使え
ないときもあるし、隔離されたテスト環境を作った場合には動かなく
なってしまう。

第**8**章

突然の病魔、
最大のリスクが顕在化

10人いたIT部門が消滅して以降、私は一人でどこまでできるか挑戦を続けてきた。サーバー室に残された200台の物理サーバーの仮想化、災害対策、手出しができなかった基幹システムのデータベースを取り戻し、ITベンダーとの関係の改善、データベースやマスターの統合、運用改善、業務システム内製、データ活用などの取り組みを推進した。

　結果的にコストの大幅削減を実現し、ITベンダーへの丸投げ状態から脱却し、システムの内製もできるようになった。だから、それなりの評価につながってもよさそうであるが、残念ながらここまでやっても評価はついてこなかった。当時の評価は普通以下が定位置になっていた。

　評価が報酬に連動しているため、納得できない気持ちを抑えるのに苦悩した時期もあったが、考え方を変えることで気持ちを落ち着かせてきた。これだけの規模のIT環境を任せてもらい、いろんな技術を学べる環境はそうはない。エンジニアにとってそれこそが一番の報酬である。

管理職にならないと評価されないエンジニア

　IT部門が消滅してしまうくらいだから、評価も得られないことは、ある程度予想していたが、ここまでやっても状況が変わらないとは思わなかった。もちろん、私の存在と役割の必要性や、それなりに面倒な仕事をしているという認識はあるようだ。もし、本当に役割の認識や期待が無かったら、同じ仕事を続けさせてもらえないはずだ。

　しかし、それと評価は別ということなのだろう。IT部門が無くなった後、居候として組織を転々として上司が変わったが、ITに対する認識や私の評価は似たようなものだった。そんな経験から、制度や仕

組みの問題ではないかと考えている。もしかしたら日本企業が抱える構造的な問題なのかもしれない。以前は経営層の理解が足りないことが一番の原因と思っていたが、どうやらそうでもなさそうだ。企業のIT活用やIT部門が抱える問題は複雑で根が深そうである。

　結局のところ、管理職にならない限り、どんなにエンジニアとして努力し結果を出しても、評価されないのである。日本企業では管理職になることで一人前と認められるのが一般的だ。それを否定するつもりはないが、問題なのは、それ以外の道がほとんど無いことだ。特にエンジニアが上級エンジニアとして生きていくキャリアパスが全くと言っていいほど無い。

　特に大企業では優秀なエンジニアほど早々と管理職になってしまうが、優秀な管理職になるとは限らない。エンジニアがますます不足すると言われる状況で、企業はせっせとエンジニアを撲滅する仕組みを運営している。社内の技術力が低下してIT部門が衰退し、外部依存体質となり、ITベンダーに足元を見られるのは当然の流れである。みんな、本当に管理職になりたいのだろうか。

　国がプログラミングを義務教育化するようだが、企業でエンジニアが評価されずキャリアパスもなければ、優秀な人材は国内に留まらないだろう。一生懸命に技術やプログラミングを学んでも、すぐに管理職になってしまうのなら、技術を学んでも無駄と考える人もいるだろう。優秀なエンジニアが報われるような環境こそがエンジニアの人口を増やし、優秀な人材の絶対数を増やすと考える。

　IT部門を復活させようとしたとき、何をやっても経営には情報が上がらなかった。それは、どんなに成果を出そうと、否定的な状況が伝わらないことを意味する。成果が認識できなければ、評価につながるはずもない。しかし、そんな状況だったからこそ、一人でやりたいように運営することができたとも言える。

"戦略的な"ひとり情シスで閉塞状況を打破

　IT部門の衰退やIT活用ができないという状況は日本の構造的な問題である。人口増と高度成長が続いていたときに形作られた年功序列や終身雇用は、管理職の階段と連動した組織運営となっている。しかし、その前提となっていた日本の高度成長と人口増が止まり、若い人が減っていびつな人口ピラミッドとなっているのに、多くの企業は成長期に形作られた組織運営を変えられずにいる。そのしわ寄せがIT部門に降りかかっている気がしてならない。

　歴史のある会社ほど複雑になった組織運営を変えることは難しい。IT活用が叫ばれる中で、IT部門が衰退していく状況は明らかに矛盾していて、それにより企業全体が非効率な状態から脱却できずにいる。過去のしがらみのないベンチャー企業が急成長し、中途半端に歴史のある中堅企業を抜き去り、一気に大企業の仲間入りをはたす例を見れば、どこに問題があるかは容易に想像できるはずだ。

　大企業でさえ肥大化したIT部門の負担に耐えかね、早い段階で子会社化や外部委託に切り替えてきた。その結果、自社のITの面倒を自分たちで見られない悪い状況を作った。それでも大企業はスケールメリットとカネに物を言わせて、何とかしのいできた。一方、人も予算も十分でない中堅中小企業ではIT活用が進まず、ひとり情シス、もしくはそれに近い状態の企業も増えている。

　いつの間にか日本全体がそんな状況になっているが、それを否定しても何も始まらない。衰退してしまったものは仕方がない。IT要員が評価されない状況を悲観しても何も変わらないし、年功序列も人材不足も変えることはできない。だったら状況を全て受け入れて、前に進む方法を考えるだけである。自分がそんな状況に陥って出した答えが"戦略的な"ひとり情シスだ。

　会社のために犠牲になっているのではない。自分のスキルアップの

ためにがんばっているのだ。今評価されなくても自分がスキルアップできれば、場合によっては、それを評価してくれるところに移ればよい。すでにエンジニア不足は始まっていて、有利な状況になっているのだ。そう考えれば前向きにがんばれるのではないだろうか。

妥当な報酬額というのは存在しない？

　評価されない状況で報酬が下がったと言っても、給料が半分になるわけではない。下がった分はお金を払って勉強させてもらっていると思うことにした。そもそも、給料をいくらもらうのが妥当なのかは誰にも分からない。上を見てもキリがないし、下を見てもキリがない。とは言っても、生活があるのでやりきれない思いは経験済みだ。

　なぜそんな前向きな気持ちになれるようになったかと言うと、きっかけはリーマン・ショックだ。その前まではIT部門があって、それなりに評価され、残業も多かったこともあり、報酬にも満足いくものだった。ところがリーマン・ショックで、年収が激減。何割減という単位だった。それでも生活ができない状態になることはなかった。そのとき、妥当な報酬額というのは存在しないのではないかと思うようになった。

　世の中には、自分より楽をして高報酬を得ている人もいるし、自分よりスキルもあり努力もしているのに報酬で報われない人もたくさんいる。そんな状況で良い待遇の人を羨んでも、モチベーションを下げるだけだ。報酬が良くても、社内の人間関係が悪かったら長続きしない。隣の芝は青く見えるものなのだ。

> **アドバイス**：不平を言うより
> スキルアップに注力したほうが生産的

　自分のスキルを高めることに注力しよう。不安になったり文句を言ったりするのは、自分に自信がないからだ。なぜ「金持ち喧嘩せ

ず」なのかは分かるはずだ。「無理」「できない」「忙しい」と逃げていては、夢は実現できない。これは全て、自分のこれまでを振り返ったときの反省から得られたものだ。変えられない現実の中で、自分の人生をどう満足できるものにするかを考えたほうが幸せだと思う。私の目標はエンジニアが幸せになることなのだ。

「あなたに何かあったらどうするのか」

「評価されないのは仕方がない」と自分に言い聞かせていたが、心の奥底には納得できない自分がいるのも事実である。前職ではITベンダー側の立場でいろんな環境で仕事ができたが、今は社内ばかりを見ていることもあり、「世間はどうなのだろう」と考えるようになった。社内に評価できる人がいないなら、外部の人に意見をもらいたいと思うようになった。

そこで身近なITベンダーの営業担当者をはじめ、システム開発時に来社したエンジニアなどに聞いてみた。同時に、他社の状況も差し支えない範囲で教えてもらった。ITベンダーはいろんな会社のサポートをしているので、情報量も多く非常に参考になる。こちらの情報も他の会社で「こんな会社もありますよ」というネタになっているに違いない。

身近な人や利害関係がある人だと、社交辞令で本音を言っていない可能性もある。そこで、もっと外に出て情報収集をすることにした。外部の団体に所属して情報を得るだけでなく、利害関係のない人からも率直な意見をもらうことができた。運の良いことに、普通に仕事をしていては私のような者が接点を持つことはない、そうそうたる肩書で問題意識が高い人にも多く出会えた。この書籍を出すきっかけも、その流れから得たものである。

いろんな人たちとお話をする中で、得られた反応は主に三つ。「す

ごい」（興味津々）、「本当？？」（どうせ丸投げだろ）、「へぇ、すごいね」（興味無し）である。おおむね予想どおりであったが、ほぼ全員に共通する意見があった。それは「一人はまずいのでは？」である。

特に多いのが「あなたに何かあったらどうするのか。その対策は？」であったが、一人でやるしかない状況に追い込まれた結果なので、そもそもそんな対策など考えているはずもない。しかし「何かあったら終わりです」と開き直るわけにもいかず、言葉に詰まることも多々あった。

この先も景気の低空飛行が予想される中、大所帯のIT部門を抱えることが難しい中堅中小企業にとって、IT活用とITコスト削減を両立できる「（戦略的な）ひとり情シス」は唯一の現実解であると考えていた。そして、エンジニアがやりがいと評価と報酬を得ることができれば最高である。

しかし「ひとり」がハイリスクと思われていては、普及はおろか認

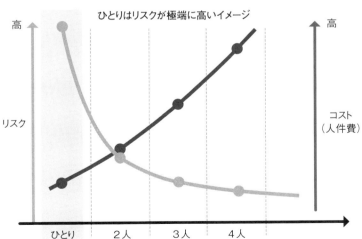

図23　ひとり情シスはコスト面で"ハイリターン"だがハイリスク

知すらされないだろう。このままでは私の取り組みは「とある企業にいた変わった人のお話」で終わってしまう。リスクとコストの関係をグラフにしてみるとイメージしやすいが、確かにひとりはコスト面で“ハイリターン”だが、ハイリスクでもある（図23）。このグラフを見せて、「だから2人体制にしてください」とお願いしたところで、かなうはずもない。

「一人はリスク」の議論に意味なし

社外活動で多くの人と話をすると、ひとり情シスは理想だがリスクが大きいと皆が言う。そんなことができるはずがないと言う声も聞かれる。しかし現実には、中堅企業クラスでもIT要員が一人、あるいはいないという企業が3割近くもあるとのデータもあるように、一人で担わざるを得ない状況になっている。

IT部門があっても、実態は単なるITベンダーの管理（ベンダーマネジメント）業務だったり、ちょっとしたこともITベンダー任せの超外部依存体質だったりする。それがIT部門の在るべき姿だと本気で思っている人さえいる。もしそうならば「ベンダー管理部門」としてしまえばよい。期待もされないので、失望されることもない。部署名を「IT部門」としているから、技術とは無縁な実態とのギャップにより周りに失望を与えるのだ。

一人がリスクかどうかの議論にはあまり意味がない。どんなことにもリスクは付きもので、あらゆるビジネスがリスク込みで動いているのだ。リスクがあるからやらないと言ったら、株にもM&A（合併・買収）にも、そして自動運転車にも手が出せない。

それなのに、なぜひとり情シスだけがリスクだと言われるのだろう。それはITが重要だからだろうか、それともITが目に見えないからだろうか、「ひとり」という言葉のイメージからだろうか。そもそ

突然の病魔、
最大のリスクが顕在化 | 第8章

も、IT部門が衰退していることは棚上げされ、事実上よしとされ、それを立て直すために必死で考えたことが「リスクがあるからダメだ」という。その空気に違和感を覚える。私がまだ見つけられていない、何か他の理由があるのだろうか。

　ダメならダメなところを解決する何かを作ればいいのだ。例えばプロに監査させるとか、作業ログを取って人工知能（AI）で分析して怪しい行動を検知するとかだ。故意に悪い事したらタダじゃすまないと契約させるのも効果があるだろう。ITベンダーと契約して、何かあったときだけ助けてもらうのも一つの方法である。一人でIT環境の面倒を見てIT活用も進むのに、こんなハイリターンな試みに手を出さない理由が分からない。

> **アドバイス** : **リスクがあるのなら
> 回避する方法を考えればよい**

　そんな事を言ったところで、何も解決しない。だから、リスクだと言われる状況を受け入れ、それに対して明確な答えを見つければよいのだ。とは言うものの、そんな簡単に答えが出るなら苦労はしない。

長期休業、ひとり情シスのリスク問題に答え

　「ひとり」のリスクに対して明確な答えが見つからないまま月日を経たある日、そのリスクが現実のものとなってしまった。たまたま受けた人間ドックで病気が発覚、急きょ手術が必要となり長期休業となったのだ。他の要因も重なり3カ月はまともに会社に行けなくなったのだ。術後もどうなるか分からない状況だった。

　満足な引き継ぎ期間があるはずもなく、そもそも引き継ぎ先もはっきりしないなか、最低限の手順書で後を託すことになった。現場では

171

「システムが止まってしまう」「業務が停止して会社が回らなくなる」といった声が上がり、連日対策会議も開かれたようだが、解決策があるはずも無い。厄介な問題を起こしてくれたな、と責められているような気分であった。

　会社にとっても一大事だが、私や家族にとっても一大事である。手術や入院なんて初めてだ。ここ何年も風邪すらひいたことがないくらい健康だったはずなのに、寝耳に水である。会社のことなんて心配している余裕はない。なぜ自分がこんなことに…。

　そして、会社のIT環境や企業運営はどうなったか。

　期待している人には申し訳ないが、IT環境が大爆発することもなく、企業運営が止まることもなかった。大きな問題は起きなかったのである。正確に言うと、トラブルはあったものの業務に大きな影響を与えるような問題にまで至らなかった。もっと休みが長かったとしても、それほど状況は変わらなかったであろう。何となくそんな予感はあったが、まさか自らそれを検証することになるとは思わなかった。

　仕事に復帰したら急ぎの対応を要望されるだろうと覚悟していたが、全くそうではなかった。病み上がりで皆が気を使ってくれたと思われるが、急ぎの対応が無いのは、なんだか寂しいものである。今回の件ではひどい目にあったが、リスクを実際に検証できた経験は非常に貴重である。

やりたい事をやったほうがよい

　IT部門の消滅をはじめ、予想できないことばかりである。偶然なのか運命なのか、神様のいたずらなのか分からないが、こんな経験は年齢が年齢なので、そろそろ勘弁してほしい。念のためお伝えしておくが、ひとり情シス運営の過労で病気になったわけではない。大学病院の先生やお世話になった看護師さんに感謝し、生かされていること

にも感謝したい。

まず健康第一とお伝えしたい。体の健康もあるが、ITは頭脳労働なので、心も含めて健康でなくてはならない。適度なストレスは良いとされるが、過剰なストレスは健康に悪い。健康だからこそ仕事ができて、充実した人生が送れることを改めて実感した。

こんな偶然はあるだろうか、10人ものIT部門が消滅するだけでも普通ではない中、200台もの老朽化サーバー環境を立て直し、一人であることのリスクまで現実に起こってしまう。そして、あれだけ騒がれたにもかかわらず何も起きなかった事実をもって、一人のリスクに対する答えを出すことになった。

もし神様が与えた機会だとしたら、もう少し別の方法は無かったものだろうかと思わずにはいられない。何度も言うが、若くない私にとってはもう勘弁してほしいものである。

人生の危機に直面すると人生観が変わるというが、今まさにその状態である。命あるうちにやりたい事をやったほうがよいと思うようになった。皮肉なもので、IT部門を衰退に追いやっている流動性の低い雇用環境が、長期休業でクビの危機から救ってくれたのである。普段は気にもしない日本の医療制度や日本企業の福利厚生にも感謝したい。

「ソロインテグレータ」の真骨頂

「何かあったら会社は終わる」とまで騒がれたのに、実際はそうはならなかった。なぜ最大のリスクが現実となったにもかかわらず、予想されていた結果にならなかったのだろう。二つの理由が考えられる。一つめは「簡素化・自動化が進んでいた」から。そして二つめは「環境構築が主な作業であった」からである。

一つめの「簡素化・自動化が進んでいた」についてであるが、そもそも一人で運営するためには作業の絶対量を減らさなくてはいけな

い。そのために、無駄の排除、効率化、自動化、簡素化、作業の移譲などを実現してきた。自動化や簡素化などが進むことで属人化も排除され、簡単な手順書があれば誰でも作業ができるようになっていた。これがリスクを下げていたと考えられる。

二つめの「環境構築が主な作業であった」については、次のような意味だ。以前はIT環境や業務システムを構築する際に、多かれ少なかれ運用フェーズまで関わっていた。それは作れば作るほど作業が増えることを意味する。一人の場合、手離れの良いシステムにしないと破綻してしまうため、システム構築後は運用を利用部門の適任者に引き継ぐよう調整していた。それを受け入れてもらえない場合は、システム開発をお断りすることもあった。

そして一人しかいないので、作業の山はできるだけ低くする必要がある。大きな仕事であればあるほど、かなり早い段階から計画し、作業を開始するよう心がけている。このように日々の運用はほとんどしておらず、主な作業は何カ月も何年も先を見通した作業であるため、何かあってもすぐに会社運営に影響が出ることはないわけだ。根本解決ではないが、時間的な余裕さえあれば、他の人材を探したり、ITベンダーに依頼したりすることも可能になる。

このように、一人で運営するために行ってきた作業が、ひとり情シスのリスクを減らす結果となっていたわけだ。今回の出来事により、私が取り組んでいたことは、目先の事に対応をするというよりも、一人でも運営ができる環境を構築し続けることであったと確認できた。

> **アドバイス** 一人で運営するための作業が
> ひとり情シスのリスクを減らす

そんなこともあり私は最近、後ろ向きの印象のある「ひとり情シス」に代わり「ソロインテグレータ」という言葉を使うようにしている。

大企業のIT部門も「ひとり情シス」状態

　人間は分からないことを恐れ不安になるという本能がある。分からないから、会社の業務が止まるといった極端な発想や過剰な不安を招き、それが大きなリスクと錯覚させると思われる。現場で騒ぎになった原因はおそらく、それであろう。私がきちんと説明できる状態であったら、無用な騒ぎは防げたかもしれない。今さらであるが少々反省している。

　実は、読者の皆さんも他人事ではない。複数の部員がいる大企業のIT部門でも、注意が必要な場合もあるのだ。担当を細分化しており、他の人の代わりができる状態ではない場合、誰もが一人でやっている状態と変わらない。一人に何かあるリスク確率が同じだとしたら、全体としては人の数だけ確率は高くなる。大勢でいるという安心感がリスクを隠している場合もあるので要注意だ（図24）。

　実は、この騒ぎには後日談がある。私が休業中に会社は求人を開始し、一人を採用することになった。どうやら現場だけでなく会社もさ

図24　大企業のIT部門も、ひとり情シスと変わらないことを認識できていない

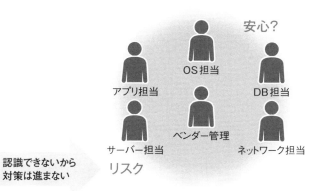

すがに問題視したようである。育成は必要だが、「ひとり」からは脱却できる。トラブルにならないと動けないのは少々問題ではあるが、結果的にそれが採用につながったのであればよしとしよう。怪我の功名とでも言うのだろうか。いろいろあったが着実に良い方向に向かっている。そう思いたい。

ソロインテグレータ、言葉に込めた思い

　今回の病気休業騒動によって、ひとり情シスを実現するための取り組みそのものが、一人のリスクを減らすことになっていた事実を確認できた。なんとなくそうは思っていたが、理屈上の話が事実となったことで得られた価値は大きい。事実ほど確実なものはない。

　自動化・簡素化だけでなく、運用業務もギブ・アンド・テイクで業務担当に引き渡してきたことも、結果的に良かったわけだ。あれだけ騒がれて3カ月も不在にしておきながら、何も起きなかったことは、これまでやってきた事が全てつながっていたからだと理解できた。全てが形になってから病気騒動が起きたのも、偶然とは思えないほどのタイミングである。

　ひとり情シスと言う言葉は、あまりイメージが良くないのは承知している。積極的にそれを目指そうと思う人もいないだろう。しかし、私のこれまでの取り組みは悲惨なひとり情シスに見えるだろうか。最初はそうだったかもしれないが、少なくとも今は違う。そこで、一人でがんばる役目と言うよりも、一人でも運営できる環境をいろんなアイデアをもって創り続ける人材という意味を込めて、ソロインテグレータという言葉を創ったのだ。

　一人で何でもやる多能工エンジニアのソロインテグレータは、人材不足という日本の状況にマッチしていると思う。やり方もある程度道筋を作ってきた。理屈もつくった。あとに続きたい人にとっては、随

分やりやすくなったはずである。転職サイトなどでこの言葉が使われ、多くの多能工エンジニアが発掘されることで評価され、幸せになれることを願う。

ひとり情シス、その後

長期の病気休業後も、ひとり情シスの仕事自体にあまり変化は無かった。相変わらずサーバー関連の運営は一人でやっているし、合間で業務システムの機能を追加している。

Windows Serverの保守終了に向けた、数十台の仮想サーバーのアップグレードもしくは再構築の地道な作業は面倒だが、期限がまだあるうちからの取り組みのため、良い気分転換程度になった。BCP（事業継続計画）ブームのときに構築した仮想環境も老朽化リプレースの時期を迎えようとしているので、その作業準備も行っているが、以前の状況とはまるで違う。

その理由の一つは経営層が変わったことだ。経営層が刷新され、ITに理解のある経営層に変わり、IT投資の理解が得られるようになったのだ。今までの苦労は何だったんだろうと思うほどの変わりようである。

> **アドバイス** ： 評価されなくても腐るな
> 経営層もいつかは変わる

新しい経営層がIT活用に前向きなこともあり、老朽化リプレースに新しい活用の提案を盛り込み、提案しているところだ。これが実現したら、全社のサーバーが高速化され、こちらの作業も楽になり、規模が拡大しても一人でも運営できそうだ。IT活用のカギは経営者にあると言われているが、まさにそれを実感している。

相変わらず業務システムを内製している。これまでは現場向けの機能を提供することが多かったが、最近は経営層向けの機能の提供が増えてきた。サーバーやデータを抱え、システムが内製できる状況にあることもようやく理解されてきたのだろう。それにより、経営層や上層部から直接要望されることも増えている。

私が描くユーザー企業のエンジニアの理想形は、経営層に近い人を中心に数人の多能工エンジニア（ソロインテグレータ）を抱え、各部門を転々としながら現場の情報収集と、IT活用の啓蒙活動をして、全社のITリテラシーを高める姿だ。経営者から直接「こんなことできるか」と相談してもらえるようになり、まさにその状況に一歩ずつ近づいている気がする。未来を具体的にイメージしていると、それに近づいていく感覚が持てる。

日本企業にはITに理解が無い経営者が多いと聞くが、その経営者もいつかは代わる。世間でこれだけデジタルビジネス、つまりITを活用したビジネスの可能性が取り沙汰されているわけだから、これから経営者になる人は、IT活用を真剣に考えていると期待してよい。私と同じように、ひとり情シス、あるいは衰退したIT部門で苦労しているエンジニアも、もう少しの辛抱だと思ってほしい。

社外活動も良い結果をもたらす

社内での認知度を高めることができたのは、社外での活動の影響もあった。ひとり情シスとしてユニークな取り組みが少しばかり世間にも知られるようになったこともあり、講演などの依頼を受けるようになった。

社外に発信することで、それが社内の評価に影響している。情報収集とスキルアップ程度のつもりで始めた社外活動であったが、「あわよくば社外で評価されて、それが社内に響けばいいなぁ」とわずかな

期待もあったのは事実だ。だが、まさかこんな短期間で、望みがかなうとは思わなかった。

> **アドバイス：社外に情報発信して取り組みをアピールしよう**

　この体験で学んだのは、外で評価される人材になることが社内の評価にも影響するという点だ。がんばっているのに評価されないと考えている人は、ぜひ社外に発信して自分の取り組みをアピールしてほしい。そして経営層もいつかは変わるので、そのチャンスを待とう。その間に自分の価値を高め、チャンスをつかめるようにしておくのだ。自分の価値が高まってくれば、経営層が変わる機会まで待たなくても、いろいろなチャンスが訪れるはずだ。

　この先どんな展開になるのか分からないが、新たな動きが始まっている気がする。次のチャンスをつかめるように、もっと自分の価値を高めていこうと思う。これまでがんばってきて本当によかった。

第 **9** 章

落ちこぼれからスタート、
プログラマーへの道

ひとり情シスとしてこれまで苦労はしたが、それ以上に得たものも
大きかった。一人で企業のサーバー環境を立て直し、業務システムの
内製までできるようになった。そんな私も、社会人としては落ちこぼ
れからのスタートだった。

　新卒としてソフトウエアを開発する会社に入社し、今の会社に転職
した後、IT部門の消滅までにどんな経験をして何を得て、プログラ
マーとして成長してきたかについて、ここで書き留めておく。それを
通して、ひとり情シスの武器の一つ、プログラミングスキルの実践的
習得法もお伝えしたいと思う。

「お前の分は俺たちが稼ぐから邪魔するな」

　私が新卒で入社したのは流通情報機器を製造する会社である。企業
規模は従業員数千人の大企業だ。私はその会社の開発部門でソフトウ
エアの開発に携わり10年を過ごした。一般的には「SE」と呼ばれる
職種であるが、実態はプログラマーと言ったほうがよい。

　就職活動をしていた頃はバブル期の最後とも言える時期だった。当
時流行りの工学部情報工学科の学生だったこともあり、真面目に就職
活動をした記憶は無い。教授の研究室には毎日のように企業の採用担
当者と思われる人の姿があって、教授に指示された企業を訪問し、入
社試験を受けるといった状況であった。企業訪問時に自社ヘリコプ
ターでお出迎えという企業もあったところが、バブル時代を象徴して
いる。

　しかし、入社前にバブルが崩壊。その影響で内定取り消しが相次ぎ
ニュースとなっていた。自分には火の粉が降りかからないことを祈り
ながら、入社までの長い時間、不安を抱えながら過ごした。その後、
無事入社することはできたが、そんな甘やかされた世代は「使えない

世代」と社内で噂されることとなる。

　私が配属されたのは海外システム開発部。英語の単位を落としそうになり、危うく留年しそうになっていたレベルの私がなぜ「海外」なのか、配属後に上司に聞いたら「あなたの英語には期待していない。外国人の相手は私たちがやるから、あなたにはコンピュータを任せる」と言われた。残念なが、「コンピュータを任せる」も使えない世代の私にとっては、過剰な期待でしかなかった。

　先輩たちはそんな使えない世代にかまっている余裕はない。「お前の分は俺たちが稼ぐから（邪魔をするな）」と言われ、1年以上、いや2年近く放置され、同期の中でも開発部門で一番ヒマな奴と言われた。使えない世代でも最低の状態だったわけだが、当の本人は能天気にも、それで給料がもらえるのはラッキーなことと思っていた。

COBOLをやらずに済んだ幸運

　当時、国内のシステム開発で使用するコンピュータは国産のメインフレームで、開発言語はCOBOLという構成がほとんどだった。同期の連中が実践でプログラミングやシステム開発を学んでいる中、私は目的の無い勉強という名の暇つぶしをしていた。私がその「勉強」で使える環境は、国産メインフレームとは違い、主に米DEC（ディジタルイクイップメント）のコンピュータVAXやUNIXだった。

　数億円もしたらしい大型コンピュータを自由に使える機会はそうはない。しかし使い方を先輩に聞くわけにもいかず、自分で辞書を片手に英語の技術ドキュメントと格闘しなくてはならないことが非常に苦痛であった。しかし、国産メインフレームとは違うコンピュータに関わったことが、その後の人生を大きく変えていくことになる。

　国内向けの開発では国産メインフレームでCOBOLを使う中、海外開発部に配属された私は、いち早くUNIX系OSとC言語に接するこ

とができた。これは非常に大きな人生の変化点であった。

　使えない世代の中でも底辺に位置していた私がその後、技術者として力をつけていく最初のきっかけとなったのだ。今流行りの技術や世間の風評に惑わされず、自分の将来に役立ちそうな技術を選択することの大切さを実感する契機ともなった。もし最初の配属が国内開発部で、私もCOBOLをやらされていたら今頃どうなっていたことだろうか。

> **アドバイス：** 流行や評判に惑わされず
> 自分に価値のある技術を選択しよう

　今ではUNIXよりも手軽に使用できるLinuxが主流になっているが、基本的な考え方はUNIXと変わってはいない。25年前に学んだUNIXの技術知識が今のLinux環境でも生きているのは、非常にありがたい。UNIX / Linuxは便利なコマンドやコンパイラーなど、システム開発に必要なものはそろっているので、勉強するにも最高の教材である。

UNIX / Linuxを学ぶ際のポイント

　Linuxに限らず、ネットワークスイッチやストレージサーバーなどの特殊な機器は、今でもコマンド操作が基本である。クラウドやサーバーではLinuxがシェアを握り、iPhoneやAndroid、MacOSだってUNIX系である。昔Linuxはマニアが触るおもちゃと見る向きもあったが、今ではITエンジニアにとって知らないわけにはいかない存在になっている。ぜひとも開発側の視点で触ってみてほしい。

　Linuxにもいろいろあり、何を選ぶかについて様々な意見があるが、基本的に自分の好きなものを使えばよい。私は仕事ではRed Hat系のLinuxを使うようにしている。サーバー系で使用するOSの定番であ

184

り、提供される情報も多いので、何かしたいときにインターネットを検索すると、たいてい似たような事例を見つけることができる。まずはRed Hat系のLinuxと互換性を持ち、無料で使えるCentOSあたりで慣れておくのが無難であろう。

Linuxを学ぶためのWebサイトもたくさんあるので、インターネットで検索してほしい。併せて、インターネットから自分の望む情報を効率よく取得するスキルを身に着けてほしい。「そんなの、検索するだけでしょ」と思うかもしれないが、これが意外に難しい。特に、仕事で使うためのマニアックな情報を探すのには苦労する。

初めての技術を学びたいと思った時は、基礎知識が無い状態なので、検索するキーワードすら思いつかない。この状態が一番大変なのだ。キーワードが分かってきても、検索した結果のうち、どれが自分の欲しい情報なのかも見えない。見た目にだまされて頼る情報を間違ってしまうこともある。

正直に言うと、今の私にとっても課題であるが、検索エンジンも日々進化しているので以前よりは探しやすくなってきた。技術はインターネットが教えてくれるが、インターネットの使い方は自分で学ばないといけない。

> **アドバイス** 必要な技術はネットで学べる
> 情報を取得するスキルを磨け

Linuxではコマンドだけでなく、どこにどんなファイルがあるかを把握することも重要である。例えば、IPやホスト名を変更するのに、どこに必要なファイルがあって、それをどうやって変更するのが正しいやり方かを知る必要がある。これはLinuxのディストリビューションやバージョンによって異なる。だから、仕事ではできるだけ同じ系統のOSで統一することが肝要なのだ。

viエディタは最低限使えるようにしたい。テキストエディタなのだが、少々癖があるので慣れるまで苦労するだろう。これが使えないと、設定ファイルなどが修正できない。さらに、SSH（Secure Shel）のターミナルソフトウエアを使って、ネットワーク経由で操作してほしい。GUI（グラフィカル・ユーザー・インタフェース）を使って楽をするのではなく、コマンドで操作せざるを得ない状況で学ぶほうが、後々自分のためになる。

> **アドバイス** SSHターミナルソフト経由で
> viエディタを使いこなそう

　勉強用のLinux環境は、自分のパソコンに仮想アプリをインストールして、その上にLinuxをインストールすれば完成だ。仮想化のイメージも湧くだろう。何度もパターンを変えてLinuxをインストールするなど、実際に触っているうちに見えてくるはずだ。このあたりも、インターネットを少し調べれば、すぐに手順は見つかる。本当に良い時代になった。

> **アドバイス** 勉強用のLinux環境を作れ
> 「まずやってみる」が大事

「プログラミングは下々のやること」

　そんな使えない世代もそれなりに成長し、企業を支える中堅社員の端くれとして、モーレツ社員の先輩の下で超多忙な毎日を過ごしていた。しかし私と言えば、入社後10年にもなろうとしていたが、相変わらず組織では一番下である。主任にさえなれそうにない。

　組織の状態を見れば、それは明らかだった。一つの部に部長が二人、一つの課に課長二人という状態なのである。さらに上のポストに

は、親会社からの転籍者が陣取っている。それはグループ子会社の宿命でもあった。

しかもバブル崩壊の影響で、私が入社した翌年から新入社員は激減した。数千人規模の会社で数十人の新入社員しか採用しないという状況では、この先もずっと一番下であることを覚悟させるのに十分だった。年功序列や終身雇用と言われるが、年齢構成が極端に偏った組織でそれを実現するのは大変だ。無理矢理作ったポストは組織をより複雑にしていた。

10年も経つと同期でも差がついてくる。しかし新人が入らないので、役が付いても部下は協力会社という状態。うらやましく思えないどころか、可哀想にさえ見えた。もちろん報酬は管理職の出世に連動するので、明らかに報酬で差が出始めていた。だが、社員でプログラムを作れる人は少ないため、私は重要なところを任され重宝されていたため、給与は上がらなくてもプログラマーでいるほうがはるかによいと思っていた。

私より先輩の世代は、自分でプログラミングをする発想はあまりない。プログラミングなんて下々のやることだという雰囲気で、カネで人にやらせればよいと考えている。そのため、プログラミング知識に乏しく、委託先との調整でも的を射ない発言も少なくない。

例外だったのは最初に配属された海外開発部のメンバーである。先輩や課長さえも管理業務を担いながら、自分でもプログラムを書くのは当たり前という感じであった。海外では内製が当たり前だからだろうか、日本の同じ会社の中でもここまで違う。どこに配属されるかの影響は大きい。

不景気で社内プログラマーに仕事が殺到

その頃までに景気低迷の影響が徐々に浸透し、小規模の仕事もやら

ざるを得なくなり、外部委託コストの捻出が難しいプロジェクトも増えていく。そうなると、委託先にコスト面で厳しい要求を出すか、私のような社員のプログラマーにやらせるかという話になる。

　課長が複数いるような状態なので、「あっちの仕事はいいから、こっちを先にやって」と課長同士で私の取り合いになることもあった。「私を間にはさまず、課長同士で話し合ってくれればいいのに」と思ったが、どちらの肩を持っても良い結果にはならない。そのため、どちらも満足させるために苦労した。おかげでたくさんプログラムを作る羽目になったが、その分、スキルアップもできた。

> **アドバイス** ｜ 無理難題はチャンスでもある

　大企業なので当然IT部門はあったが、メールやネットワークなどの全社的に使うものしか扱わない。そのため、自分たちが開発で使用するシステムやサーバーは、自分たちで構築し運営管理する必要があった。誰が構築するにせよ、その後たいてい放置されることになる。サーバーやシステムで何か問題が発生すると、誰が作ったとかは関係なく下っ端が呼ばれて、何とかしろと言われるのは、どこの世界でも同じである。

　サーバーで障害が起きるたびに呼ばれて時間を取られ、自分の仕事が進まなくなることもしばしば。だからと言って、自分の仕事の納期を延ばしてもらえるはずもない。そこで障害が起きにくい環境や、障害が起きてもすぐに復旧できる仕組みを本業の合間にコツコツと作っていった。

生涯エンジニアであり続けるために

　バブル崩壊後、多くの企業で人員削減が進み、組織のピラミッドを

大きく崩した。年功序列や終身雇用は、成長し続けることが前提でうまく回る仕組みのため、ピラミッドが崩れた組織ではうまく機能しない。そうなると、会社に長く勤めれば、それなりに出世し、給与も上がるというシナリオは期待できなくなる。大企業でも何が起きるか分からない時代になってきたので、サラリーマンであっても自分の身は自分で守らなければならなくなった。

　大企業の中で学歴も能力も同期らより劣っている私は、このような状況では明るい未来を描くことはできない。仮に少し出世したとしても、上と下にはさまれて心を病む中間管理職しか想像できない。現場からも離れてプログラミングもできなくなるとしたら、何のために理系の道を進んできたのかも分からなくなってしまう。

　同期が出世している中、10年経っても一番下っ端と言う状況は一見不幸なことに見えるが、エンジニアであり続けたいと思う私にとっては好都合だった。プログラミングやシステム開発の経験だけでなく、サーバー管理の経験までさせてもらえた。管理職になる前に、この会社にいても幸せになれない現実を知り、いつクビになっても他で食べていける能力を身につけないといけないと危機感を持つことができてよかったと思う。

　エンジニアの価値は、どれだけいろんな実務を自分自身で行ってきたかだと思う。他人にやらせて大きな仕事を成し遂げたとしても、本当の力にはなっていないことが多い。現場を知らない人に適切な判断はできない。私も横着して他人にやらせたことが幾度かあった。そうすると、後日同じことをしようとしても、ドキュメントがあるにもかかわらず、一人でできないのだ。そのたびに、現場にいる以上は実務に関わらないとダメだと思い知らされることとなった。

　上司に無理難題を言われることもあるだろう。同じ課で二人の課長の間に挟まれる状況はあまりないだろうが、そういった状況でもチャ

ンスだと思えばよい。がんばれば多かれ少なかれ経験になるし、無理難題を言われる状況は自分にとって有利なことも多い。上司もその上の上司や顧客から無理難題を言われて困っていることが多いからである。つまり、うまくやれば取引ができるかもしれないのだ。

「厳しいですが、簡単な作業を誰かに手伝ってもらえれば可能です」という感じで、誰でもできる面倒な社内の事務手続きや、手間のかかるテスト作業などを手放せることもある。それにより、自分は実務の時間を確保でき、大好きなプログラミングに集中できる。自分に尖った部分を作り、圧倒的な優位性と価値を見いだせれば、「これは彼に任せたほうがよい」という評価が生まれ、好きな仕事が自然に集まってくるようになる。下っ端であっても交渉術は必要である。

> **アドバイス**：尖ったスキルは武器になる
> 交渉で自分を有利に導ける

プログラミングスキル習得の勘所

私は、自分の価値を高めるために、プログラミングを武器にしてきた。この時はＣ言語だけで仕事が回ったが、転職後の今の会社ではそれだけでは足りない。私の経験によるものであるが、これからプログラミングを勉強して業務システムを構築したいと思っている人にヒントを示したいと思う。それを箇条書きにすると下記の通りだ。

・プログラミングは書けば書くほど上達する。体に染み付く前にやめるな
・書き続ける（長期間プログラミングから離れない）
・本やインターネットで読むよりも、実際に入力したほうが理解度

落ちこぼれからスタート、
プログラマーへの道 | 第9章

が深い

○意味のないプログラムを書いても上達しない。目的があるプログ
　ラムを書く

○実際に稼働している良いサンプルを真似するのが上達への早道

・フレームワークやライブラリーで楽をしない、素の言語を使え

・ビルド不要のスクリプト系言語を選択するのがよい（PHP、
　Ruby、Pythonなど）

・まずは自分のためにプログラムを書き、自分の効率化を実現。他
　人のためはその後

・最初から格好良い物を作ろうとしない。まずは機能の実現に重点
　を置く、見た目は最後

・自分のスタイル（レイアウト）を確立させよう

○プログラムは設計やアイデアと一緒に考えることで価値が増す

・ユーザー企業はプログラムが書ける人が欲しいわけではない、ほ
　しいのは問題を解決できる人

いくつか補足しておきたい。「○」印を付けた箇所を注目してほしい。

複数の言語で「目的あるプログラム」を書く

　まず「意味のないプログラムを書いても上達しない。目的があるプ
ログラムを書く」だが、極端に言えば「HelloWorld!」を出力できる
ようになっても意味がないということである。プログラミング言語を
勉強するとときには、どうしても一つの言語に執着してしまうが、
Web系などは複数の言語が必要だ。業務システムも普通はWebで作
るだろう。

　だから、ある言語でプログラムを書けるようになるのを目的とする
ことなく、データベースに入っているデータを画面に表示するプログ

ラムを書くことを目的にする。これができてしまえば、参照系の業務アプリケーションはできたも同然である。

　実際にそれをやろうとすると、PHP、HTML、SQLは最低限必要であり、データベースエンジンや、データベースを操作するためのツールなども必要になる。ここで挫折してしまいそうになるが、難しく考える必要はない。PHPで書くプログラムは、データを取得する関数を呼んでHTMLを出力する機能だけだ。HTMLタグが無くても、ブラウザーは表示してくれる（図25）。SQLも最初は「select xxxxx from yyyyy」だけでよい。

　一番大事なのは、データを取ってきて表示するまでに、どんな仕組みでどんな技術が使われているかを理解し、プログラミングとはコードを書くことだけではないことを学ぶことだ。このハードルが越えられたら、その後は楽だ。参照系ができたら、次はデータベースに更新する目的を実践するだけである。更新系にはJavaScriptも必要になり、SQLも「insert～やupdate～」が必要になり、Ajaxも勉強することになるだろう。個々のやり方はインターネットに書かれているので検索しよう。

　ブラウザーからデータベースの入出力ができたら、業務システムの構築は目前である。ある程度のレベルになったらPHPをJavaに変えたりすることで、データベースにアクセスする方法の違いなども勉強できる。ただ、他人に提供できる業務システムを作れるレベルになるまでは、あまりいろんなものに手を出さないほうがよい。欲を出すとどれも中途半端になってしまうからだ。

　何度も言うが、目的は特定の言語を学ぶことではない。私も人気に惑わされ、他の言語をかじったことがあったが、それでプログラムを書けたところで何の価値も無いことに気づいた。なぜなら、ユーザーから見れば、言語やOSミドルウエアなどは、全く知る必要が無いか

第9章 落ちこぼれからスタート、プログラマーへの道

図25　データベースに格納されているデータを画面に表示するプログラムの例

```
                    HTMLなし（oci使用例）
<?php
    $conn = oci_connect('account', 'password', 'ora.world');
    $stmt = oci_parse($conn, "select 'connect ok!' from dual");
    oci_execute($stmt);
    $nrows = oci_fetch_all($stmt, $results);
    if ($nrows > 0) {
        for ($i = 0; $i < $nrows; $i++) {
            foreach ($results as $data) {
                echo $data[$i]."<br>";
            }
        }
    }
    oci_free_statement($stmt);
    oci_close($conn);
?>
```

```
                              HTMLあり（oci使用例）
<html>
<head>
</head>
<body>
<?php
    $conn = oci_connect('account', 'password', 'ora.world');
    $stmt = oci_parse($conn, "select 'connect ok!' from dual");

    oci_execute($stmt);

    $nrows = oci_fetch_all($stmt, $results);
    if ($nrows > 0) {
?>
        <table border="1">
<?php
        for ($i = 0; $i < $nrows; $i++) {
?>
            <tr>
<?php
            foreach ($results as $data) {
?>
                <td><?=$data[$i]?></td>
<?php
            }
?>
            </tr>
<?php
        }
?>
        </table>
<?php
    }

    oci_free_statement($stmt);
    oci_close($conn);
?>
</body>
</html>
```

データベースからデータを取得して表示するだけならこの程度

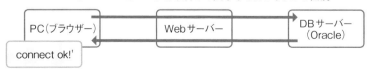

らだ。社内の業務システム程度なら、PHPで十分なことがほとんどである。

人が書いたプログラムは学びの宝庫

次に「実際に稼働している良いサンプルを真似するのが上達への早道」だが、これはつまり良いコードが最高の教材であるということだ。そこで問題なのは、何が良いコードなのかが分からない点。私が書くコードが良いサンプルの部類なのかもよく分からない。

私が初めてWebで業務システムを作ったときには、一緒に作業した優秀なプログラマーが書いたコードが私の今のスタイルにつながっている。とにかく、いろんな人が書いたプログラムを読むことである。徐々に、これは読みやすいと感じるものがあるはずである。

時々、短いコードを書くことやテクニカルをアピールすることに執着している人を見かけるが、将来そのコードがずっと使われるのだから、改修のことも考えてコードを書いたほうがよい。見やすく、シンプルで、ドキュメントが無くても理解できるコードがベストだと思う。

「プログラムは設計やアイデアと一緒に考えることで価値が増す」ことも、よく認識しておいてほしい。残念ながら、日本のプログラマーのイメージはパンチ屋に近い。だから評価や報酬も低い。

設計と製造と運用が分業されていることを否定するつもりはないが、分業による効率化のメリットを享受できるのは、大規模な環境くらいではないかと思う。しかし、その大規模開発もERP（統合基幹業務システム）などのパッケージの充実で徐々に減っていくのはないかと予想する。

一方で、中堅中小企業でもIT活用がますます重要になり、内製力を高めることでコスト削減を図り開発スピードを高めていかなければならない。これからは、分業という工場労働的発想ではITの進化に

ついていけないと思う。

　ただし、中堅中小企業は大人数のエンジニアを抱えられないし、何でも外部委託できるような台所事情でもない。そんな状況なのだから、単に「プログラムを書けます」というだけの人材が欲しいだろうか。もちろん設計だけできても、アイデアだけあっても価値にはつながらない。社内の困り事を理解し、解決するためのアイデアを生み出し、設計、プログラミング、運用までができるようになって初めて価値になる。

> **アドバイス**　目的の無い学習に意味はない
> プログラムを書けるだけではダメ

　だから、これらを一人でできるようになることが、エンジニアの価値になる。そう考えるようにすれば、インターネット上のプログラミング言語に関する論争に振り回されることもなく、自分の目標を達成できるはずだ。

大規模システムの一部機能の開発でよいのか

　海外開発部は現地法人が軌道に乗ってきたことで縮小されることになり、国内システム開発にシフトしていくようになる。海外開発部にいた頃はネットワーク系のプログラムを担当していたことから、国内の開発も通信系やクレジット系の処理を担当することが多かった。日本でもクレジットカード利用が増えていった時期なので、リアルタイム性や耐障害性が重視される領域であった。

　国内のメインフレームの新規開発が徐々に縮小していく中、国内大手顧客が次々にUNIXサーバーを採用した時期と重なり、UNIXの経験豊富な海外開発部のメンバーは非常に重宝され、大規模開発にも参

画するようになっていった。何よりCOBOLを勉強する羽目にならず、これまでのUNIXやC言語での開発経験が無駄にならなかったのはありがたい。

　大規模開発であっても末端の担当の作業は完全に個人にお任せであり、何かあるとその人しか分からない状況になっていて、個人の責任も重くストレスもあるが、エンジニアにとってはやりがいもあり、腕の見せ所でもあった。火消しチームの一員として駆り出されることもあり、無事鎮火させたときの達成感など、現場ならではの忙しく充実した日々が続いていた。

　決して楽ではないが、残業の多さからそれなりにお金もあり、それによって欲しいものが買え、やりたいこともできた。しかし、何かが足りない。出世ができないからだろうか、将来の不安からだろうか、通勤時間が長いからだろうか。こんなに充実しているのに、何かが足りないなんて贅沢な話であるが、一度気になりだすと止まらない。長い通勤電車の中、何が足りないのだろうか考え続けていると、徐々に「足りない何か」が見えてきた。

　大規模システムを開発していると言っても、私はほんの一部の機能の担当でしかない。どうやら自分の担当範囲に飽きてしまったようだ。では、他の機能をやればよいと言う話でもない。狭い担当範囲でこの先何十年も同じ事を続けていく姿を想像してしまったのだ。

　しかも出世のポストがなく、同期にも大きく差をつけられた状態だ。今は下っ端で大好きなプログラミングができているが、管理職集団でしかない日本の大企業の中で、はたして定年までそれを続けられるだろうか。

　もともと私は飽きっぽい性格で、学生時代のアルバイトすらも長続きはしなかった。そんな私が、同じ会社で10年近くも働いてきたこと自体が不思議である。飽きさせないほど、いろんなことが起きてい

たのだろう。長く現場でプログラミングやサーバー管理などを担当してきたことで、管理職の階段を登っていくサラリーマンの道ではなく、技術スキルを高めていくエンジニアの道を歩みたいと思うようになっていたのだ。

サラリーマンかエンジニアかの決断

大規模開発であればあるほど、役割が細分化して担当範囲は狭くなる。各自が得意なところを活かして効率化につなげるという考えは、企業にとっては都合が良いが、個人のキャリアとして見たときにどうか。開発の一部として生きることが、将来につながるかは自分自身で考えてほしい。

忙しくて充実しているときだからこそ、次の事を考えることが必要である。そのような状況の時には多くの場合、自分の状況が正しいと思っており、周囲が見えていない。世の中の状況もあまり意識していない。そのため、変化に気づいた時には手遅れであることも少なくない。

> **アドバイス** 忙しく充実している時こそ
> 自分を客観視すべし

サラリーマンとして生きるのか、エンジニアとして生きるのかは、できるだけ早い時期に決断したい。管理職になるところが分岐点であろう。管理職にならないと給料が上がらない組織の中で、エンジニアとしてそれなりに成果を出しているとしたら、非常に悩むことになるはずだ。

選択の時期がいつ来るか分からないので、いつでも答えが出せるように整理しておくことをお勧めする。私の場合、ポストが無く管理職になれる見込みもなかったので悩むことは無かったが、悩まなかった

ことが良かったのかはよく分からない。

　米国では中間層の仕事が減っていると聞く。自動化やAI、ロボットなどの普及が影響しているそうだが、その流れは日本にも来るだろう。既に日本でも、ロボットが働くホテルが評判になっている。だとしたら、エンジニアが足りない日本では、管理職よりもエンジニアのほうが生き残れる可能性が高い。私はそう都合よく考えている。

他社でも通用する技術を持っているか

　以前は、大規模開発に関われることにプライドを持っていた。しかし現実には、自分の担当範囲は狭く、システム全体どころか、他のチームがどんな機能を開発しているかすら分からない。そもそも他人の事を気にしている余裕もない。単なる一つの歯車、いや歯車の歯の一つかもしれない自分に気づいた時、「これでシステムを作っていると言えるのか」という疑問と、そんなプライドに意味があるのだろうかと思うようになった。

　同時に「もし自分がこの会社をクビになった時、はたして別の会社で今と同じように活躍できるだろうか」「他社でも通用する技術を持っているのか」と不安になっていった。少なくとも現時点では、小規模なシステムであっても、一人では作れない。誰かが作った開発環境やライブラリーを使い、誰かが作った仕組みや手順の中で、自分の担当をこなしているだけである。

　誰かが作った環境や仕組みが、世間一般で通用するものであればまだよいが、実際はプロジェクト固有のものであることが多く、自社内ですらプロジェクトが変わるとやり方も変わる。これは顧客の都合であることが多い。つまり現状で開発できていたとしても、世の中的には自分の価値は決して高くない。

　大規模開発の場合、肝となる処理は別部隊が作ったライブラリーを

使うことで、ほとんど実現できるようになっている。プログラミング言語は、そのライブラリーの呼び出しと、データベースとのやり取りの間を取り持つだけのために使用されているような気さえする。UNIXだからC言語を使うのが普通というだけでしかないようにも見える。そのため難しいアルゴリズムや、高度な技術とは全く疎遠である。

　個人のスキルが違う大勢のプログラマーの開発でも、品質を維持する手法なのかもしれないが、多くのプログラマーにとって価値の低い作業となる。ではライブラリーや環境を提供する側になったら価値があるかと言われると、それだけやってもシステムが作れるようにはならないので、状況はあまり変わらない。

　私は大規模開発だけでなく、小規模開発にも多く関わってきた。外部委託コストが捻出できないので声がかかることが多かったが、小規模開発では便利なライブラリーを作ってくれる専門要員もいないので、必要なものは全て自分で作る必要があった。

　C言語は開発効率が良い言語とは言えない。難しいロジックを作り込むのは面倒であるが、エンジニアにとってはやりがいでもあった。担当範囲についても、小規模開発ではいろんなことをしなくてはならず、大規模開発よりも楽しく充実感を得られる。そういった経験が、小規模であっても一人でシステムが作れるようになりたいと強く思うきっかけになっていった。

> **アドバイス**　**ライブラリー頼みでは限界**
> **ゼロから作れば楽しく力になる**

　そんなある日、同期からある情報を得た。「静岡移転って、これお前の部署じゃねぇ？」。寝耳に水である。末端の社員であるためか、上司の問題であるか分からないが、当事者であるにもかかわらず、情

報が届くのはいつも遅い。全社通達の時に初めて知ることもあった。それも複雑な組織の悪影響なのかもしれない。

当時の私は家を買ったばかりだ。子供も小さかったこともあり、単身赴任や、長距離通勤も避けたい。「そもそも、そこまでしてこの会社にいる必要があるのだろうか」との思いも強くなり、転職活動の一歩を踏み出すことにした。

目的を達成するために何ができるのか

たとえ狭い範囲の担当であっても「大規模開発をしている」という言葉は聞こえが良い。しかし、大規模開発の一部機能の担当者と小規模開発でも中心にいる人とでは、システム開発力や実現力の差は歴然である。どちらが技術力があるかと言うより、「目的を達成するために、あなたは何ができますか」と問われたときの差である。

> **アドバイス** 大規模システム開発では
> エンジニアのキャリアは描けない

大規模開発は全体としての品質確保や効率化のために、ルールや作法が厳しく定められている。そんな中では自分の自由度はほとんど無い。一方、小さなプロジェクトはルールもあまり無く、柔軟性も自由度も高い。私は小規模の開発にも関わっていたことで、そういった大規模開発との違いを客観視することができた。大規模プロジェクトや大企業という安心できる環境は、エンジニアであり続けたいという私にとっては、決して居心地の良いところではない。

プログラムが作れると言っても、仕様に従ってライブラリーを呼ぶだけ、データベースとのやり取りを記述するだけでは、システムを作っていると言うより、工場のラインに立たされ、完成品が何かも知

らずに部品を取り付けているだけのようにさえ感じる。少なくとも私は、それに面白さを感じなかった。

そんな中でも自分が成長するには、どうしたらよいか。ライブラリーやフレームワークなどを使わないプログラムも経験したいところだが、仕事でそれが難しい場合、独学、自己啓発しかない。情報はインターネットにあるので、自宅にパソコンとインターネット回線があれば勉強はできる。

問題は時間の確保である。転職活動もそうだが、仕事が忙しい中ではそれが一番難しい。時間を確保するために心を鬼にして断るところは断る、というくらいの覚悟が必要だろう。

それまで、将来自分はどんなエンジニアになりたいかなんて考えたこともなかった。大企業にいると、自分の会社がつぶれるかもしれないという危機感は全くない。

しかし終身雇用も形だけになった昨今では、大企業は会社をつぶさないために、犠牲にできる多くの従業員を抱えているとも言えないだろうか。人件費は一番重いコストだからだ。

日本企業は従業員をクビにできないから、働かないオジサンを生み出していると言われているが、現実はそんなに甘くはない。企業はいざとなれば事業ごと売却して、大勢の人員を削減するのと同じ効果を得ようとする。本社を守るために子会社を売却する場合もある。

外資系に売却されたら、その後どうなるかは容易に予想できる。もはや年功序列や終身雇用は今の日本では機能しなくなりつつあり、自分自身はその渦中にいることを常に意識しておいたほうがよい。

夢や目標を実現するのも選択の積み重ね

静岡移転の話についても、前兆となる噂はあった。景気低迷によりソフトウエア開発部門で赤字が続いていて、そのうち何らかの対策が

打ち出されるとの噂は以前から広まっていたのだ。

　もしかしたら、その噂を聞いたことにより、無意識に自分の状況を客観視していたのかもしれない。静岡移転はきっかけでしかないが、そのときに自分の置かれている状況を認識していなければ、自分の意志とは関係なく、会社が作った流れに身を任せるしかなくなっていただろう。

　どう決断するも自分自身の問題であるが、人生の選択肢が急に訪れたときに、その判断の拠り所は、自分は何をしたいのか、将来どうなりたいのか、ということである。夢や目標を実現するのも、日々訪れる選択の積み重ねである。夢や目標が無い場合は、積み重ねの効果が得られにくい。だから夢や目標が必要なのだ。

> **アドバイス**　夢や目標は必要だ
> 　　　　　　　それこそが人生の選択の拠り所

　もう定年へのカウントダウンが始まりそうな私も、エンジニアであり続けたい、あんな事ができるようになりたいなどの夢はある。時々自分がその夢にどこまで近づいたかを認識している。30歳を過ぎてから、システムを一人で作りたいと思うようになったが、もっと若ければよかったと思うが、うまく行ったほうだと思う。

　しかし、システムを一人で作れるようになりたいとの思いはきっかけでしかない。それはお金持ちになりたいと言っているのと同じだ。重要なのは、次に何をすれはよいのかを考え、具体的な目標にして行動することである。具体的にイメージできれば行動につながりやすくなる。

　私は、その具体的なイメージが無いまま転職活動に踏み切ることになったが、そのこと原因で効率の良い転職活動ができない状況に陥る。だが、それもあったから今があると考えると、正直何が正しいか

はよく分からない。

転職へ背中を押した家族の一言

　初めての転職活動は誰にとっても未知の領域だ。私の場合、そもそも新卒の就職活動すらまともにしていない。今はインターネットで簡単に情報収集ができて便利だが、何をどう選んでよいのかが全く見当がつかない。気がつくと報酬額と休日数だけで比較している。いやいや、そうではない。目的はシステムを一人で作りたいという夢に近づくことである。

　そもそも情報集めの段階で挫折しそうだった。仕事は忙しく、平日は帰宅が0時過ぎになることも多い中で、時間の確保が難しい。以前よりは休日出勤が減ったとはいえ、子供が小さいこともあり、休日の家族サービスは重要だ。家が回らなくなると仕事どころではなくなってしまう。忙しい自分のストレスも解消したい。どれもおろそかにすると、後で大きなツケが返ってきそうだ。

　転職エージェントに頼めばよさそうだが、一気に話が進んでしまい相手のペースになりそうなのが怖かった。まずは自分で状況を調査してから本格的に動きたかった。そんな状態でも何とか時間を作って情報を収集していると、見えてきたことがある。それは、今の会社の待遇は思っていたより良いということ。そして、うまくいかなかったときの想像がどんどん膨らんでしまい、臆病風に吹かれそうになった。

　やはり大企業の報酬や福利厚生の条件は良い。バブル期の後押しで自分の能力以上の会社に入ったこともあり、もったいない気持ちも強くなっていく。確かに転職で失敗するのは嫌だが、機会を逸して後悔するのはもっと嫌だ。既に今の仕事に飽きており、明るい将来もイメージできないので、何もしなければ間違いなく後悔するだろう。転職を考える人は同じような悩みにぶつかると思う。

そんな時、背中を押したのは妻であった。「迷っているということは、やりたいんだよ。やりたいことを優先して、がんばればきっとうまくいく。給料が良くても続かなければ意味が無いでしょ」。これで一気に迷いが吹っ切れることになった。こういうときの女性は思い切りが良い。逆に男は考えすぎて決断できないものだとつくづく思う。

要注意！ ITゼネコンの多重下請けピラミッド

　その後、転職エージェントにお願いして、活動が本格化していく。実際に面接をする回数も増えていき、面接の経験を積んでいくと、現場の担当者やリーダーとの面談で見えてくるものがある。

　相手は格好良いことを言うのだが、その会社の現場に穴が空いている状況が見えてくることもあった。このまま入社したら、間違いなく穴埋め役となり、自分がやりたい事から遠ざかってしまう。インターネットが自由に使えないとか、勤務地をはっきり言えないとか、休暇や勤務時間も曖昧といった企業の場合。おそらく客先に常駐またはそれに近い状態になる可能性がある。この場合も自分がやりたい事はできないだろう。

　一番注意したいのは、ITゼネコンの多重下請けのピラミッドを形作るITベンダーだ。エンジニア募集と書いてあっても、大抵は技術より下請け管理の仕事になりそうだ。もし下請けのITベンダーなら、現場の穴埋め役となってしまう可能性もある。自分の意志でいろんなことをやりたい私には、絶対に避けたいところである。転職活動をして初めてITゼネコンピラミッドの存在を知り、自分の会社が一次請けだったということに気付いた。自分の会社の事は意外に知らないということを知った。

　面接などで経験を積むことで、徐々に欲が出てきた。そして理想の

会社に巡り合うことが難しくなっていく。半年が経過しようとしていたが、仕事が忙しい中での転職活動ということもあり、さすがに疲れてきた。理想を下げたり、諦めも必要かもと思ったりし始めた頃、エージェントからある非公開企業をすすめられた。

これまで、ITベンダーを中心に探してきたが、今回はユーザー企業である。日本はエンジニアの7割はITベンダー側という状況もあり、ユーザー企業の求人はあまり多くない。しかし、非公開求人の中には結構いろんなものがありそうだ。ただ、業界知識や業務知識を要求するところも多く、ターゲットとして見ていなかったのだが、実はそこにエンジニアとしての価値を見いだす道があったのだ。

それは製造業大手の一部門が分離してできた会社のIT部門の求人であった。当時の企業規模は100人前後、創立1年目であるが、大企業の一部だったこともあり、小さな企業の割には給与や福利厚生の条件は良かった。勤務地も自宅から非常に近く、長時間通勤からも開放されそうだ。これから会社を作り上げていく印象だった。

最終面接は専務だった。第一印象は温厚な感じである。一度話が始まると、情熱的に夢を語り始めた。「私はこの会社をこんな風にしたいんだ」と絵を描きながら一通り説明したら去っていった。「あれっ私の面接では？」と思ったのと同時に「ここは面白そうだ。この会社、いや、この専務に賭けてみよう！」と決意した。

人材不足で転職のハードルが下がる

転職でキャリアを積み重ねていく海外と違い、年功序列・終身雇用の日本においては、転職は非常に負担が大きくリスクもある。転職の回数が多いことも日本ではマイナスと受け取られてしまう。ただ最近は「超」がつくほどのエンジニア不足を背景に、転職のハードルがかなり下がってきた。

とは言え、転職先選びは時間も手間もかかるので、転職斡旋企業には一つ要望しておきたい。多能工エンジニアの項目を作ってほしい。本当に一人に全てを任すのかどうかは別として、需要は相当あるのではないかと予想する。そうなれば多能工エンジニア、私が言うところのソロインテグレータを目指す人も増えるだろう。

　エンジニアには一度は勉強のために、転職活動をしてみることをお勧めする。実際に転職するかは別である。それにより、自分の価値の世間相場や世の中で必要とされている人材の傾向も見えてくる。また、自分の会社を客観視することができ、自分が置かれている状況を冷静に見ることで新たな発見もある。その結果、自分の会社を見直して、前向きにがんばれるようになることもあるかもしれない。意外に自分の会社の事は知らないものである。

> **アドバイス**　一度は転職活動を経験すべし
> 自分の価値を知る良い機会

　昔は「エンジニア35歳定年説」がまことしやかに語られたこともあったが、最近はエンジニア不足のせいもあるのか、40代50代のエンジニアの転職斡旋も活発になっている。若い人への教育も兼ねて、あえて経験豊富なシニアエンジニアを招き入れる企業も増えてきているようだ。転職が必ずしも良い結果を生むとは言えないが、年齢で諦めていた人にとっては、追い風が吹いていることを肌で感じておいても損はない。

　転職活動も新しい技術を学ぶときと同じである。最初は全く分からなくても、実際に動いてみると見えてくる。初めての事は「まずやってみる」という行動が基本であろう。とは言え、最初の一歩が一番重い。忙しいときほど、その一歩が出ない。しかし、その一歩を踏み出しさえすれば、後は勢いで進めることが多い。私の人生で、あの時一

歩を踏み出さなければよかったなどと思うことはほとんどない。

> **アドバイス** やりたいなら一歩踏み出せ
> それで後悔することはない

　ただし、今の会社が嫌だから辞めるといった動機では、転職はうまくいかないから注意したい。それで失敗した人を何人も見てきた。転職はより良い環境や目標を実現するために行うのだ。テンションを上げて、ポジティブな気持ちになっていれば、面接もうまくいくだろうし、賛同者や理解者も増えてくる。急ぎすぎてはいけない。良い企業があれば移ってもよいという姿勢で臨んだほうがよい。

　私は、迷ったときに「面白そうなほうを選ぶ」と決めている。今回の転職も、結局は面接した専務が面白いと思ったことが決め手だった。その後、辛い時期もあったが、エンジニア人生としてはうまく行きすぎているくらいだと思う。面白いと思えば、辛くてもがんばれるだろうし、前向な気持ちにもなれるから、結果的にうまくいく。

第 **10** 章

転職後、IT部門が
消滅するまで

大変だった転職活動から解放されたのもつかの間、転職先の企業、つまり今の会社で働き始めて、企業文化の違いにカルチャーショックを受ける。これまでの常識は他社では通用しないことを思い知らされる。業種は似ていても、大手企業グループをまたぐと、ここまで文化が違うとは思わなかった。

　配属された当時のIT部門は、部門と言っても上司と私を含めても社員3人に、協力会社の1人がいるにすぎなかった。まだ全社でも100人規模なので、むしろ多いくらいなのかもしれない。

　後に聞いた話であるが、私が抜けた前の会社の現場では、残された人が相当苦労したという。資料も残しているし、不具合もほとんど無かったはずなのに、なぜだろう。どうやら機能追加などで改造が必要になっても、ちょっとした改修でも外部委託のコストが捻出できず、社員のプログラマーも少ないため、対応するのがますます難しくなったようだ。

IT部門は何でも屋、便利屋だった

　転職先のこの会社は設立間もないため、ルールや手順が整備されていない。大手企業の一部門の分離ということもあり、基幹システムをはじめ企業運営に最低限必要なサーバーやシステムは、設立時から存在していたようだが、サーバー室に置かれているだけ。誰も全く手が出せない状況であった。結局その後、ITベンダーに基幹システムの運営をサポートしてもらう、いや、丸投げすることになる。

　IT部門の仕事の範囲も決まっているわけではなく、サーバーやネットワークと関係無いことでも、依頼があれば対応していた。スタッフ部門であるが、事業部門のお手伝いも多く、ITに関する雑用、もっと言えば、コンセントに挿すものに関しては何でも問い合わせや要望

が来ていた。要するに何でも屋、便利屋という感じであり、商品を発送するための箱の調達を依頼されることもある。もはやIT部門なのかと疑問になるくらいだ。

いろんなことをやれるのは、新鮮な変化があり楽しくもあった。しかし、仕事が上から落ちて来るのを待つだけの前職に慣れていたせいもあり、仕事を探すところから自分で動かないといけないという状況に対応できるまでには、少々時間がかかった。物事を広く捉え、目的を持って仕事ができるようになるなど、勉強になることが多く、エンジニアであっても、こういった仕事を経験したほうがよいと思う。

> **アドバイス** いろんな仕事をすることも
> エンジニアにとって貴重な体験

IT部門の本業のほうは、既に設置されているサーバーを管理しているだけなので、サーバーの故障や障害の対応が主な仕事であった。そのため、私のC言語のプログラミングスキルを活かせるようなところは、まだ見当たらない。

一方、前職でサーバーを管理していた経験や、UNIXサーバーを扱っていた経験は大いに役立ちそうだ。OSやサーバーの知識はどこの会社でも共通である。前職で、アプリケーション開発以外の作業をやらせてもらってよかったと感謝した。まだ、システムを一人で作れるような状況ではないが、なぜか夢に一歩近づいた気がしていた。

何でもやりたいエンジニアには楽しい職場

大企業であっても、IT部門の業務や担当の細分化で、どんなことも担当者にしか分からないという状態になっている。資料が残してあったとしても、スムーズに引き継がれることとは別のようだ。大企業も結局個人の集まりでしかなく、人が多いことでそのリスクをカ

バーしているだけである。

　米国のように、プログラマーがスキルと経験を積んで成長する環境とは違い、優秀なプロのプログラマーもすぐに管理職にしてしまう日本企業では、今後ますますプログラムを作れる人が不足するだろう。そんなこともあって、国は優秀なプログラマーを育成しようと小学校のプログラミング教育の必修化を決めたが、教育現場ではそもそも誰が教えるのかといった状態のようである。

　仮に優秀なプログラマーが育成できたとしても、プログラマー軽視で報酬も少なく、管理職以外のキャリアパスがない日本企業に喜んで就職するとは思えない。転職サイトをのぞいてみたら、「プログラミングSE、年収1300万円」という求人を見つけた。ようやく日本にもこういった求人が出始めたかと思いきや、よく見たら勤務地がカリフォルニアだった。

　優秀なIT人材は米国だけでなく世界中で不足しているので、プログラマー軽視の日本に嫌気がさしている優秀な人材を確保しようと世界から狙われているのだ。育成もよいが、まずその前に日本のプログラマー軽視のIT業界を変えていかないと、日本は外国のために優秀なプログラマーを育てることになりかねない。

　中堅中小企業のIT部門は何でも屋である。同じIT部門でも大企業とは大きく違う。しかし、何でもやりたいと思うエンジニアには、大企業より中小企業のほうがいろんなことができて楽しい。利用現場の状況も見えていて、会社運営に関わっている実感を得ることもできるだろう。また、企業文化の違いにも驚かされる。同じ日本企業で似たような業種なのに、こんなに違うのは、創業者の影響だろうか。

> **アドバイス** 何でもやりたいエンジニアなら
> 中堅中小のIT部門も転職の選択肢

転職後、IT部門が
消滅するまで | 第10章

プログラマーでもインフラ知識が役立つ

業界の知識などが分からなくても、ITの知識は共通である。当たり前であるが、Windowsはどの会社でも同じものを使用している。そういった意味では、IT人材はどんな業種にでも入り込みやすいといえる。

そのためには、やはり業務アプリケーションだけのエンジニアよりも、インフラに近いところの知識も有したエンジニアのほうが有利であることは間違いない。私もC言語の知識をまだ活かせそうな状況ではないが、WindowsやUNIXの知識、サーバー管理の経験はそのまま活かすことができた。

正直なところ、中堅中小のユーザー企業のIT部門に転職してから、C言語のアプリケーション開発スキルを活かせる気はしなかった。いろんなものがまだ未整備であるが、それはC言語の開発スキルでは解決できないものばかりだったからである。基幹システムはあるものの、Excel運用の延長であるので、Excelを使いこなせるほうが、はるかに役立つという状態であった。

前職でのシステム開発の顧客はIT投資に積極的な企業ばかりだったようで、それが普通だと思い込んでいた。そんな顧客相手の開発スキルは、そこまでに至っていない中堅中小企業にはあまり役に立たないことを思い知ることになった。

中小企業はまずIT活用の底上げが必要であるが、当事者たちにはそれが分からない。知識や経験が少ない人は、自分がその状態であることに気づかないからだ。子供が自分は何でもできると思っているのと同じである。

この先、中小企業から中堅企業に成長していく中で、前職の大規模開発の経験とのギャップが縮まり、その経験が活かされていくことになるが、それには多くの時間がかかることとなった。

213

入社３年目で業務システム開発の機会

　IT部門だからシステムの面倒を見るのかと思いきや、システムに関しては障害が起きない限り、やることはあまりなかった。基幹システムの運用は外部に委託しているからだ。

　そんなとき、事業部門でＣ言語でのプログラミング能力に関するコンテストを実施することになり、なぜかIT部門に配属された私も参加することになった。そして事業部門のエンジニアを含め全体で２位という成績を収め、自分の存在を社内に広くアピールすることとなった。それがきっかけかは分からないが、事業部門の開発のお手伝いとして、Ｃ言語で書くソフトウエアの品質を向上させるためのツール適用の仕事を任されることになる。

　普通にツールを適用するだけなら、サーバーを立ち上げ、ツールをインストールして、エンジニアに使わせるだけなので、それで終わったら自分がやる意味がないと思った。転職したばかりということもあり、ツールの提供という仕事でも、期待以上の結果を出したいという思いがあったが、新しい事をやろうとすると、多かれ少なかれ抵抗が予想された。

　ここで無理をして自分のイメージ悪化は避けたいので、自分の得意なところを活かしながら、押し付けにならない方法を考えた。簡単だ。得意のプログラミングでツールの補助機能や自動化を行うのだ。通常はGUIで操作するツールだが、コマンドで自動処理させたり、自動集計させたりすることで、手間をかけずに結果が得られるような環境をつくった。

　この新しい仕組みに協力してもらえるプロジェクトを探し適用した。作戦は成功。協力してくれたプロジェクトが得られた成果を社内に公表し評価を得たことで、「うちもやりたい」と声がかかるように

なっていった。

親会社の大規模プロジェクトにも適用されるようになると、顧客との打ち合せに呼ばれ、子会社のスタッフ部門でありながら、親会社と同等の立場で話をすることもあった。その後、社外活動として組込みソフトウェア管理者・技術者育成研究会のMISRA-C研究会に参加するなど、得意な技術を活かして自分の価値を高めていった。

「前職でシステム開発してたんだよね」

この頃に初めてサーバーを買うことになったが、当時はサーバーの買い方も分からず、業者にお任せ状態であった。それでもサーバーを立ち上げるのに必要な作業を把握するには十分であった。実は、転職して初めてサーバーラックを見た。前職の大規模開発でもサーバーと言えばタワー型だったが、設立1年目の企業にラックマウントサーバーが普通にあることに驚いた。ただ、基幹システムに全く手が出せない状況とのギャップに、不思議な感覚を覚えた。

手も足も出ない基幹システムは、会社の成長とともに不都合なところが増え、改修が必要になっていく。そのために、協力会社のITベンダーから数人が対応することになったが、驚いたことにIT部門は関わっておらず、業務部門で協力会社を抱えていた。そんなとき私に声がかかる。「前職でシステム開発してたんだよね」。

実は基幹システムとは別に、親会社から分離独立した際の特別措置として親会社の一部の業務システムを借りていた。その使用期限が迫っているので、同じようなシステムを立ち上げたいという要望だった。入社から3年後くらいだろうか。ようやく業務システムに関わるチャンスが巡って来た。

もちろんこれまでシステムを作ったと言っても、一機能を作ったにすぎず、ゼロから業務システムを作ったことはない。既に稼働中のシ

ステムの真似をすればよいだけだったのが幸いだった。

　基幹システムとは別のプロジェクトとなるため、基幹システムの面倒を見ているITベンダーには頼めない。システムをゼロから、そしてできれば一人で作れるようになりたいとの思いから、外部のエンジニアに開発サポートという立場で入ってもらい、私もプログラマーとして一緒に開発する体制にした。労務管理などの雑務を最小限するために、入ってもらう外部のエンジニアは一人にしたかった。

　そこで優秀な人を求めた。ツール適用のときにお世話になった商社のエンジニアに私の思いを伝え、今回のプロジェクトに適した優秀なエンジニアを紹介してもらった。開発ではLinux、PHP、HTML、JavaScript、CSS、SQLを使う。やって来たエンジニアはまだ若いJavaプログラマーで、PHPは初めてだったようだが、半月もかからないうちに難なく使いこなすようになった。さすがである。

基幹システムのITベンダーが突然撤退

　私はサーバーの立ち上げとデータベースの構築、そしてあまり重要でないアプリの機能開発を担当し、優秀なエンジニアが書いたプログラムのまねをすることで学んだ。開発終了後も、不具合や改造要望にはできるだけ自分で対応することで、経験を積んだ。この優秀なエンジニアのお陰で、一人でゼロからシステムを作るという目標にかなり近づくことになった。

> **アドバイス**　優秀なエンジニアと一緒に仕事
> スキルアップにはこれが一番

　このプロジェクトがうまく行ったことで、基幹システムの一部の機能の改修を任されることになった。このことがIT部門の消滅後の業務システムの内製化につながっていく。

同時に基幹システムの利用者である業務部門や経理とのつながりも強くなり、そのつながりがひとり情シスの業務に大きな助けになったのも先に記した通りだ。さらに、基幹システムの面倒を見ていたITベンダーのエンジニアとも仲良くなり、ログインとシャットダウンしかできない状態から脱却できないか模索するようになっていった。

ところが突然、基幹システムの面倒を見ていたITベンダーの撤退が決まる。常駐するエンジニアのキャリアを考慮した上の判断というのがITベンダーの撤退理由だと聞いたが、真相は分からない。その後、新しい協力会社を探すのはさほど苦労はしなかったようだが、私にとっては非常にショックだった。ITベンダーにまた撤退されたらどうなるのだろうと危機感を持つようにもなった。

その後、パソコンの新しいWindows環境では、基幹システムのク

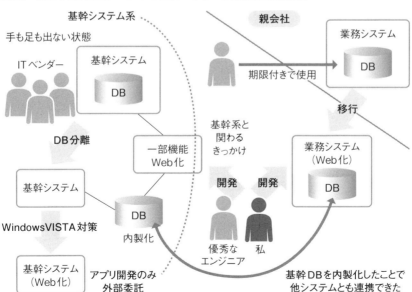

図26　基幹システムのデータベースをITベンダーから取り返した経緯

ライアントアプリが動作しない事が判明し、基幹システムの全面Web化が決まる。私が基幹システムのデータベースを取り返すことに成功したのは、この時の話だ（図26）。OSやミドルウエアなどのプラットフォームや、データベースは内製に切り替え、アプリ開発の部分だけを外部委託することにした。

基幹システムのアプリ部分にはあまり興味はなかった。その当時から、アプリは所詮データを出し入れする役割だけでしかなく、重要なのはデータであると考えていたからだ。既に記したように、実際にデータベースを取り返したことで、業務システムを内製して、いろんなデータを活用することができるようなった。

一人でシステムを作る夢に近づく

もちろん、そんなに都合良く自分の好きな仕事をさせてもらえたわけではない。正直なところ、最初の頃は「ツールの全社適用の仕事なんて」と思っていた。システム開発から遠のいて行く気さえした。しかし、プログラミングで解決できる範囲は広い。ツールを簡単に使うためにプログラミングを活かすことができた。ユーザーが使いたくなるものを作れば、こちらが尻を叩かなくても流れに乗ってくることを、この時に学んだ。

IT部門やサーバー管理者はあまり表に出ることはないだろう。だからこそ、社内で顔を売ることは大切である。どんな仕事であっても得意な事を活かして社内で顔を売れれば、将来のチャンスにつながっていくはずだ。期待以上の成果を出せれば、それは自分の価値向上にもつながる。

ただ、あまり前のめりになり無理をして悪評につながっては意味がない。悪いイメージは広がりやすく、払拭するのも非常に困難である。「あれをやれ、これをやれ」「あれはダメ、これもダメ」とユーザーに

強いることで、評判を落としていないか振り返ったほうがよい。

　私の場合、入社から3年くらいだったが、業務システムの開発に携わるにはそれなりに時間がかかる。長いと感じるか、短いと感じるかは人それぞれだが、チャンスは突然来るものである。私はそのチャンスを活かして、優秀なエンジニアを雇うお金を出してもらい、勉強までさせてもらった。

　一人でゼロからシステムを作るうえでの最初の高いハードルを超えさせてもらったわけで、本当にありがたい。システム開発の機会があったら、外部委託の場合でも、それを最大限に活かして勉強させてもらうのがスキルアップの一番の早道である。

ひとり情シスになる前に成長できた

　外部丸投げで手も足も出ない状態からITベンダーに見放された経験は、私にとって衝撃的なことであった。基幹システムだっただけに、本当に危機感を持つきっかけとなった。この先エンジニアが不足して、儲からない中堅中小企業の案件や小規模開発は切り捨てられる可能性があることは、容易に予想できる。

　だとしたら、できるだけ内製にシフトしておかないと、たとえ見捨てられなくてもITベンダーに足元を見られて高コストな運営を強いられる可能性もある。データベースを取り返し、ITベンダーへの依託を基幹システムのアプリだけに限るといった取り組みは、そのような危機感に突き動かされたものだった。

> **アドバイス**　ITベンダーの撤退は相次ぐ
> システム内製へのシフトを急げ

　何度も強調するが、システムで一番重要なのはデータである。アプ

リはデータを集めるための手段でしかない。だからデータベースさえ握っていれば、基幹システムのアプリなどは外部委託でもよいと考えている。ただし、OSやミドルウエアも併せて握っておくべきだ。そうしないとOSやミドルウエアのバージョンアップの際に、手も足も出ない状態になる可能性がある。

こうした経緯で、私はひとり情シスになる前に、サーバーから仮想環境、OS、ミドルウエア、データベース、アプリケーション開発まで一貫してやるエンジニアに成長することができた。つまり、ひとり情シス状態を強いられたから、何でもできるエンジニアになったわけではないということだ。ひとり情シスであろうと、IT部門の要員の一人であろうと、目標を持ち機会を活かせば、誰でも多能工エンジニア、私が言うところのソロインテグレータになれるのである。

> アドバイス：目標を持ち機会を活かせば
> 誰でも多能工エンジニアになれる

しかも、外部のいろんなエンジニアと話したが、何でもできるエンジニアは希少種らしい。アプリケーションエンジニアとしてOSより上だけ、あるいはインフラエンジニアとしてOSより下だけを一人でやる人は聞いたことがあるが、サーバーから仮想環境、OS、ミドルウエア、データベース、アプリケーション開発まで一貫してやるエンジニアは聞いたことがないとのことだ。いないはずはないと思うが、希少価値があることは確かである。

IT部門が拡大、10人の体制へ

私は業務システム開発などの業務寄りの仕事が増えていくが、IT部門はもともとサーバーを管理するだけの立場で、業務アプリには関わっていなかった。管理すると言っても、できることは基幹システム

のサーバーのシャットダウンくらいだった。

　企業規模は毎年拡大し、経営者も定期的に変わるのは子会社の宿命だ。経営者が変わるたびに方針が代わる。その時々の方針に振り回され、それに伴い業務システムの改修や、新たなシステムが作られる。しかもコスト削減、効率化、生産性向を各部門に任せたことで、事業部門にとって手っ取り早く成果が出せるシステムの構築が社内で活発になっていった。

　システムを構築したサーバーは、サーバー室に持ち込まれるため、多かれ少なかれIT部門が関わることになる。会社の規模が拡大するにつれサーバー室のサーバーが増え、少人数のIT部門は回らなくなっていった。すると各部門がしびれを切らし、IT部門を絡めないでサーバーを立ち上げる事例も増え、それがさらに事態を悪化させていく。

　私も、最初は数台のサーバー担当だったが、業務系のサーバーが多数集まってくるようになり、基幹システムの開発環境なども含めると、私が管理するサーバーは60台にまで増えていった。業務システム絡みの件でITベンダーとの調整作業も増え、残業や休日出勤も増えていった。

　遂にIT部門の要員不足が社内で問題視されるようになり、対策が打たれることになった。キャリア採用に加え、社内からも人が集まってきたが、中にはITに詳しいと思えない人もどさくさにまぎれて異動してきた。IT部門は徐々に人を増やし、ピーク時には10人にもなった。

縮小・消滅へ、転がり落ちるIT部門

　人が増えたから仕事が回るかというと、そんな単純な話ではない。人が増えたという理由で、事業部門で行っていたサーバーの構築や運営なども、IT部門が全面的に肩代わりするようになっていく。

はっきり言ってしまえば、もともと事業部門でやっていたことをIT部門に人を移して対応しているだけだ。人とともに仕事が移っただけであり、かえって仕事が増えてIT部門は恒常的に忙しい状態が続くことになった。

　構築や運営をすると言っても、エンジニアが集まってきているわけではないので、ほぼITベンダー任せ。ITベンダーへの丸投げしかしてこなかった人に、まともなプログラムを書ける人がいるはずもない。インフラ環境の知識にも乏しいので、レベルの低いトラブルが多発することとなった。

　ソースプログラムを管理しているサーバーを誰も使ってないと思って初期化してしまうなど、ITの知識が足りない以前の問題も起こった。そのリカバリーのために余計な作業が増えるという悪循環。IT部門は自分でトラブルを起こして、仕事を増やしていると思われていたことだろう。最初は人が増えるのはありがたいと思っていたが、管理者権限を持った素人ほど厄介なことはない。

　それでも投資がある間は、ITベンダーがそれなりに成果を出してくれるので、ある程度の評価は得られた。だが、命綱とも言える投資が長引く景気低迷の影響で、徐々に抑制されていくことになる。大所帯の期間はそう長くは続かず、要員は徐々に事業部門、つまり稼ぐ部門へと異動となり、IT部門は縮小されていくこととなった。

　IT部門の人を増やす代わりに、事業部門で構築したサーバーの面倒も見るという話だったはずである。しかし全く逆の結果となり、要員が減らされてもサーバーは減らない。抱えるものが増えたIT部門は、ますます多忙になっていく。要員が少なくても増えても業務が回らないなら、むしろ要員は要らないと思われたかどうかは分からないが、IT部門は要員を減らされ続けた。

　そして、ついにIT部門消滅の時を迎えることとなった。

転職後、IT部門が
消滅するまで | 第10章

規模を拡大したIT部門が衰退した理由

　いったいIT部門はどのあたりからおかしくなっていったのだろう。案件増や範囲拡大で少人数では回しきれなくなり、増員を望んでいたところに、キャリア採用や事業部門からの助っ人が入り10人にまで増えた。同時に全社のサーバーやシステムがIT部門に集まることになった。組織的にも、ITに理解のある上司が経営層に近い位置にいたことで、投資などの理解が得やすくなり、成果と評価を得ていた。その流れに大きな問題があるとは思えない。

　しかし、それなりに投資があって評価もされていた頃から、IT部門の衰退は始まっていたように感じる。それは、人が増えていくにつれ、IT部門が何を目指しているのかが見えなくなったからだ。

　少人数でやっていた頃は、「こんなふうにITの仕事がしたい」というイメージが共有され、IT要員はそのイメージを拠り所に仕事の判断をしていた。だが、人が増えるに従い、各人は目先の成果を優先しているかのような動きになっていった。

　しかも大半の人が、サーバーやシステムは外部委託で構築するものと考えるようになり、予算を取ってくることが仕事のような状態に陥った。ITベンダーへの丸投げにより、サーバーやシステムにベンダー色が強く出てしまうことになり、それが統一感のないIT環境を作り、非効率な運営にもつながっていった。

　IT要員の人選に問題があると言ってしまえばそれまでだが、大人数になったことで全体のコントロールができなくなっていったのだろう。それなりに成果が出ていたこともあり、その状況を否定することもできなくなっていたのかもしれない。その後、度重なるコスト削減要請の波を受け、大所帯の組織はそれほど長くは続かず、縮小し続けることとなる。

223

10人いても回しきれていなかったのに、全社から集まった手のかかるサーバーの効率的な運用など不可能だ。そのままで放置され、人だけが次々に減らされるので、ますます回らない状態になっていく。しかも、こういった状況ではよくあることだが、優秀な人材から抜けていくことになる。

　残念な人材が残り業務の足を引っ張る状態になり、「使えない奴が行くところ」と言われても仕方がない状態になった。最初から厄介なものを押し付けるための策略だったのではないか、とさえ思ってしまう。企業によって状況は多少異なるだろうが、IT部門が衰退していく過程はどの会社でも似たり寄ったりではないだろうか。

　「失われて20年」と言われた長期にわたる景気低迷の余波で、日本企業ではITコストの削減、IT要員の削減が進み、IT部門の衰退は限界に達していると言われている。景気が上向いても、今度は人材不足の直撃を受け、IT部門が復活する兆しが見えない。それがひとり情シスという状況も生み出している。経営にはITが重要と言われているのに、これでは企業のIT活用が進むはずもない。

大企業、中堅中小を問わず危機的状況

　本来、スケールメリットが得られにくい中堅中小企業こそ、ITを活用して競争力を高めないといけないと思う。にもかかわらず、IT人材を抱えなくなった企業は、IT活用どころか、今使っているシステムですら自分たちで面倒を見られなくなっている。私の会社も例外ではなく、私はまさにその真っ只中にいたわけだ。

　では、大企業はうまくいっているかと言うと、決してそうでもない。確かに人と金に物を言わせ、それなりの生産性を出せてはいる。だがIT部門の現場を見てみると、要員はITベンダーを管理するだけの手配師でしかなかったり、業務を細分化しすぎて担当レベルでは実

質ひとり情シスと変わらなかったりする。システム全体を正確に把握している人もおらず、動きの鈍い組織運営をしているのが現状だ。

　私の会社のような中堅クラスの企業は、中堅ならではの問題を抱えており、難しい舵取りを迫られているのが現状である。ざっと整理してみよう。

1）必要なシステムは大企業と変わらない
　　　➡ それを維持するためにそれなりの体制や予算が必要
2）システムは大規模ではないが小規模でもない
　　　➡ それなりにコストも手間もかかる
3）バブル期のレガシーシステムを抱えている
　　　➡ 刷新もできず、非効率な運営を強いられる
4）良くも悪くも歴史ある組織
　　　➡ 良く言えば安定、悪く言えば変われない
5）統制／組織運営／ルール／形式重視、例外を認めない
　　　➡ 定型化というガチガチの融通が利かない非効率な運営
6）知名度や報酬、福利厚生などで大企業に比べて不利
　　　➡ 超がつくほどのエンジニア不足の中、人材採用で苦戦
7）ITコスト／人件費負担、予算も人も十分にかけられない
　　　➡ それなりの規模に見合う人と予算の確保が難しい

さらに次のような問題を抱えているところも多いはずだ。

8）子会社は経営層が変わるたびに方針が変わり、振り回される
　　　➡ 業務が複雑になり業務がシステムと乖離、Excelが蔓延
9）ITが得意ではない人をIT担当に、使えない人を押し付ける場所
　　　➡ 優秀な人材から敬遠され、さらにITスキル低下

10) 全社のITリテラシーが高くなく、手がかかる

　　➡ IT活用不足、IT教育不足で、全社的にIT化が進まず

　このように、歴史ある中堅企業は特に不利な状況にある。しかし、見方を変えれば、逆に非常に有利な状況にあるとも言える。システムはある程度そろい既に稼働しているため、ゼロから生みだす苦労はない。大企業とは違い、システム全体を見渡すことができる規模であり、システムを止めることも比較的容易だ。

　IT予算は十分とは言えないが、それでも小規模な企業の予算とは桁が違うので、工夫次第で大型の投資も可能である。基幹システムのようなレガシーシステムも味方につければ、強力な助っ人にもなる。人が増やせない状況は、自分が自由にできる環境を作りやすく、邪魔をする人もいないということだ。

> **アドバイス：エンジニアなら逆転の発想を**
> **危機的状況も好機に変えられる**

　実際、このあとIT部門が消滅するが、中堅企業ならではの問題を逆手に取り、一人でIT環境を立て直すことができた。大企業は大企業ならではの、中小企業は中小企業ならではの困難が多数あると思うが、エンジニアならば誰でも困難をプラスに変えられるはずだ。「無理」「できない」と言って思考を停止させている場合ではない。

第**11**章

日本のエンジニアの
生きる道は「多能工」

IT部門の消滅後、200台の老朽化サーバーを抱え、ひとり情シスで立て直してきた私の経験を、読者の皆さんはどのように捉えただろうか。ひとり情シスというとネガティブなイメージからか、本書を読む前まではいわゆる"ワンオペの不幸話"と思っていたかもしれない。しかし、ここまで読んだ読者には、ひとり情シスがITエンジニアにとって理想の居場所であることがお分かりいただけたと思う。

単に「一人でできました」というだけの話でもなければ、単なる技術ノウハウや仕事術でもない。日本の特殊な環境の中で、この先エンジニアが生き抜くためのヒント、そして日本企業がコスト削減とIT活用の両立を実現するためのヒントも盛り込んだつもりだ。以降は、この点について、もう少し詳しく述べてみたい。

理想像としての多能工エンジニア

日本独特の雇用環境を前提に形作られてきた旧来の企業組織や制度の中で、知識集約型のエンジニアが幸せになるにはどうしたらよいかを考えたとき、理想像として浮かんできたのが多能工エンジニアだ。ひとり情シス、つまり私が言うところのソロインテグレータも、目指すところは多能工エンジニアである。

昔は「何でもやる人は何もできない人」と言われたこともあった。しかしデジタルの時代になり、高度な専門知識が無くても様々な技術が容易に活用できるようになってきたことで、技術を組み合わせてアイデアを形にできる人材の価値が高まっている。一つの技術を深く追求する人よりも、アイデアを実現できる人材が、多くの企業で求められるようになってきたわけだ。

簡単にクビにできない日本の雇用制度では、もともと企業はつぶしのきかない専門エンジニアをできるだけ抱えたくない。売り上げに貢

献しないIT部門ならなおさらのことだ。これまでは、システム開発などで多数のエンジニアが必要な場合、ITベンダーへの外部委託でしのいできた。だがIT化の範囲がどんどん拡大していく現状では、外部委託費はかさむ一方で、この先大きな負担となるだろう。

　システム保守運用の外部委託にしても、本当にそれだけのコストが必要なのかの判断すらできなくなっている。業務を効率化したくても、ちょっとした業務システムの構築ですら相当なコストがかかる状況も改善したい。担当が細分化された大人数のIT部門を抱えられないとすると、そこそこのスキルレベルを持ち、何でもやってくれるエンジニアが一人いたら、企業にとっては好都合だ。

　エンジニア不足が進む一方で、IT活用の必要性がますます高まれば、例えば「三人のエンジニアを雇わなくて済むのなら、何でもやってくれるエンジニアに倍の報酬を出そう」と考える企業が出てきてもおかしくない。「プログラムが書けます」「サーバー管理ができます」といった専門エンジニアよりも、「サーバーを構築できるし業務システムも内製できるので、一人で課題を解決できる」と言える多能工エンジニアほうが圧倒的に魅力的だ（図27）。

　特に中堅中小企業では、そんな多能工エンジニアの需要は高まろう。50人以上1000人未満の企業に限っても十数万社が存在し、30人以上にまで広げれば数十万社もあるのだ。エンジニアが超売り手市場に身を置くことができれば、将来のキャリアは万全だ。多能工エンジニアであれば、企業の成長に合わせて自分の仕事の領域を拡大するもよし、最初は小さな企業で経験を積み、徐々に大きな企業での仕事に挑戦していくというキャリアプランも描けるだろう。

一人で業務システムを作るための技術や知識を学べ

　日本企業では従来、エンジニアもIT部門の管理職の階段を登るし

図27　企業はどちらのエンジニアを必要としているか

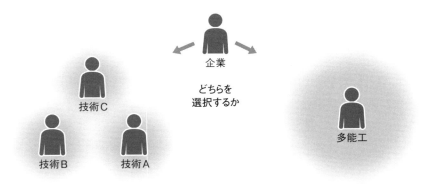

　かキャリアパスがなかった。しかし、急速にエンジニア不足が進み、日本企業の働き方改革も本格化する中、これまでのIT部門の発想から脱却した多能工エンジニアが新たなポジションを確立し、一つの生き方を示すようになると私は考えている（図28）。

　業務システムはどんな企業でも、どんな部門でも必要とされているので、企業のIT部門の所属にこだわる必要は無い。社外で通用するスキルが身につけば、コンサルタントの道も開けるかもしれないし、起業の道もあるだろう。「企業のIT環境を整理整頓します」というサービスを立ち上げるのも面白そうだ。専門職や管理職とは違い将来のキャリアに広がりがあるのが、多能工エンジニアのメリットである。

　そういった状況にいち早く順応し、優秀な多能工エンジニアを確保できた企業がこの先有利になるだろう。多能工エンジニアの価値がまだ広く認知されていない今が、エンジニアにとっても企業にとってもチャンスである。何でもそうだが、皆が動き出してからでは、おいしい思いはできない。多能工エンジニアが転職市場で脚光を浴びる時が

図28　将来のキャリアに広がりがある多能工エンジニア

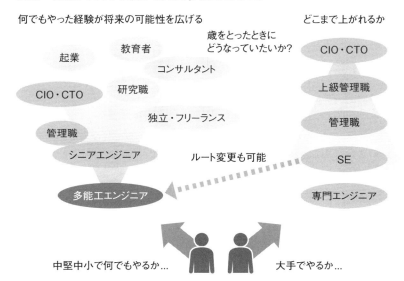

来るまでに、エンジニアは多能工として力をつけておくことをお勧めしたい。

　本書をここまで読んでくれた読者なら、多能工エンジニアになるためにどんな技術を学べばよいのかと悩む人はいないと思う。仮想環境を操れて、そこでWeb-DBの業務システムを作って、社内の課題を解決できる人材を目指せばよいだけである。その過程で、仮想環境の知識をはじめ、Webサーバー、プログラミング、データベースサーバーの技術、そして社内のキーパーソンやITベンダーとの交渉術など、いろんな知識が必要になる。それらを習得していくことで、自然に多能工エンジニアになっていくだろう。

　要は、自分一人で業務システムが作れるために必要な技術や知識を学べばよいのだ。ただし、学ぶことが目的になってはいけない。私は日曜大工もやるが、電動工具を使いこなせるようになると、いろんな

ものが造れる。しかし目的がないと正しい電動工具選びはできない。それと同じで技術選びにはまず、何をしたいかをしっかり持つことが重要である。

仕事の範囲と役割の拡大がキャリアパス

　多能工エンジニアやひとり情シスになるためのハードルが、それほど高くないことも価値がある。皆さんも本書を読んで「この程度なら自分にもできる」「大したことをしてないな」と思うところがいくつもあったはずだ。私がすごいのではなく、ITを味方につければ中堅規模のIT環境程度なら、一人でも立て直すことは誰でもできるくらい技術は進歩しているのである。

　うまくいかない要因の多くは、思い込み、あきらめ、組織のしがらみ、集団行動、工場労働的発想といったことにある。上司にお伺いを立てるといった一見当たり前のことすら、スピードの早いITにとっては障害である。だからこそ、そういった障害を避けることがたやすい一人が有利なのだ。

　現状では、エンジニアはエンジニアとしてのキャリアパスを社内で描くのは難しい。私もいまだに末端社員であるが、多能工エンジニアとして生きるためのキャリアパスを仕事の範囲と役割の拡大と捉えている。そうすれば管理職の階段を登らないので、生涯エンジニアとして活躍できる可能性も高くなる。

　ただし下っ端である以上、報酬アップは期待できない。もちろん働き方改革で、多少は変わる可能性はあるかもしれないが、それに期待しても仕方がない。もし仕事に対する報酬が見合わなくなったと感じたら、自分の価値に投資してくれる企業に移ればよいだけだ。しっかりスキルアップしておけば、人材不足が多能工エンジニアを有利に導

いてくれるはずだ。

　多能工エンジニアは、中堅中小企業だけでなく、大企業でも必要な人材になるはずだ。今と同じことを少ない人数でやれたほうがよいのは大企業も同じ。ただし分業化が進み、管理職集団の大企業の中で、多能工エンジニアがどう振る舞えば幸せになれるかは、私にもまだ想像ができない。

　多能工としていろんなことができるようになると、自分に自信がついてくる。ユーザーの大抵の課題や問題はちょっと業務システムを作ってあげるだけで解決できるようになる。社外でもやっていける自信は、社内で思い切ったことに挑戦する度胸につながり、それがさらに良い結果を生む。自分に自信がなく、会社にしがみつこうと守りに入ると、大きな勝負もできなくなり、自分を有利な状況に持っていくことができない。自分を信じてチャレンジし続けることが重要なのだ。

動きの早い技術、遅い技術

　ITは非常に動きが早く、技術はすぐに陳腐化してしまう。そんなイメージを持っているかもしれない。しかし、ITの中でも動きの早い技術と遅い技術がある。できれば覚えた技術は長く使えるほうがエンジニアにとっては都合が良いし、一度作ったシステムは長く使えたほうが将来のリプレースの工数を削減できる。

　そんなこともあり、私は動きの遅い技術に重きを置くように心がけている。ざっくりであるが、端末系や流行りの技術は陳腐化しやすく、サーバーやインフラ系の陳腐化はゆっくりと進む。とはいえ、動きが早い流行りモノのほうが華やかで面白味があったりするのは事実だ。そこで私は、動きの遅い技術に軸を置きながら、時々流行りモノに手を出すことで、気分転換とモチベーションの維持を図っている。

　業務システムを構築するときには、Windows ServerよりもLinux

を積極的に使うことでマイクロソフト依存を極力避けたり、できるだけ余計なミドルウエアやフレームワークなどを使わないようにしたりすることで、システムの寿命を短くしない工夫を普段から意識している。寿命の短いシステムは、ITベンダーにとっては仕事が増えて儲かるかもしれないが、ユーザー企業にとっては余計な仕事が増えて、お金もかかるし、手間がかかる。そんなものが増えると一人で回せなくなってしまう。

人は品質悪化、スピード低下の原因

　人はアイデアを生み出すという重要な役割があるが、品質悪化や効率悪化の原因にもなる。だから自動化により人を極力排除する仕組みを実現することで、品質とスピードと効率が後からついてくる。IT部門が消滅しても、私が業務を回すことができたのは、10人の作業を一人でやったからというよりも、多くの作業を自動化によりコンピュータにやらせるようにしたからである。

　個々の技術のハードルも下がっているので、大勢で考えるよりも一人で考えたほうが理解が早い。複雑な連携処理も一人でプログラムを書いたほうが都合が良い。私が自動化により人の作業や打ち合わせを排除するだけで、スピードも品質も効率化もコンピュータが何とかしてくれるのだ。

　一人で何でもやるという発想は、スタートアップ企業では当たり前である。一人で何でもやること自体がITの世界では普通のことだ。日本では協調性やチームを重視した教育を行ってきたから、一人でやることに慣れていないだけかもしれない。日本は起業家が少ないというのも、そういった教育が影響しているのかもしれない。本来ITは一人で何でもできるものなのに、わざわざ他人を絡めることで、レビューや承認を得ないと何もできないという、スピード感に欠ける複

雑な状況を作り出している。

エンジニア育成と専門資格

　米国は高度に専門化が進んでいるが、それは流動性の高い雇用環境や専門エンジニアが評価される社会だからである。企業は優秀な専門エンジニアを必要な期間だけ雇い、エンジニアはプロジェクトを転々としながら専門家としてのキャリアを積む。流動性の低い雇用環境の中、エンジニアが専門家として評価されず、管理職の階段を登るしかキャリアパスがない日本の特殊な環境の中では、専門家を目指しても幸せになれるシナリオはイメージできない。

　情報処理技術者試験やITILなどでエンジニアの仕事が専門化、細分化されたことで、どんな資格を取ったほうがよいかと聞かれることがある。しかし、日本で専門技術の資格を取って何を目指そうとしているのだろうか。

　ITの資格と言っても、医師免許や運転免許のようなものとは違い、所詮は認定試験程度のものであり力試し的な意味が強い。もちろん、無いよりはあったほうがよいのは間違いないが、限られた時間をどこまで受験勉強に割り当てるかは考えどころである。新人のときに受験させられた第二種情報処理技術者試験に合格した以外に、何の資格も持っていない私では、説得力が無いかもしれないが。

　何でもできる多能工エンジニアをどうやって育成するのかと聞かれることは多いが、技術や作業を覚えることとは違うため、定型化するのは難しい。だからこそエンジニアとしての価値があるわけだが、その問題は雇用環境や処遇制度を整えることで間接的に解決できると思う。

　つまり、やり甲斐とそれなりの報酬があれば、多くの優秀なエンジニアが多能工を目指すようになると考える。ポイントは、それなりの

235

報酬だ。日本の場合、米国のように何千万円も報酬を出さなくても優秀な人材は集まる。それなりの報酬とそれなりの安定、そして何よりやり甲斐を望んでいると思う。

　少なくとも私はそうだ。やり甲斐に関しては、大企業よりも中堅中小企業のほうがはるかにある。少なくとも中堅中小企業は、多能工エンジニアの育成よりも雇用環境や処遇制度の整備を考えたほうが早道だろう。

　小学校からプログラミング教育を必修化するのは、優秀なプログラマーを育成するという観点からは賛成であるが、今の日本企業の雇用環境や処遇制度のままで優秀な人材を獲得できるのだろうか。優秀な人材にとって、評価や報酬が低い日本企業は魅力に乏しい。エンジニア不足は世界的な問題だから、このままではせっかく教育した優秀な人材を海外の企業に持っていかれるという最悪のシナリオもあり得るかもしれない。

重要な「自ら調べる力」と「学ぼうとする力」

　多能工エンジニアにとって強力な武器はプログラミングスキルである。では、プログラムを満足に書けないSEがプログラミングを覚えるのと、プログラマーがそれ以外の業務を覚えるのとでは、どちらが容易だろうか。私は、プログラマーにそれ以外の事を教えたほうがよいと考えている。

　私自身がそうだったが、プログラミングは好きでないと続かないからだ。プログラミングが好きでない人は、たくさん書かないといけなくなったときに辛くなってしまい、なるべく書かないで済ませようとする。そして、怪しげなフリーソフトウエアを組み込んだ複雑なプログラムが出来上がってしまう。私はそんな状況を何度も見てきた。プログラミングは好きにならないと続かない。

よく誤解されることがある。私は何でもやるが、何でも知っているわけではない。逆に知らないことのほうが多い。問題を解決するときに足りない知識や技術は、インターネットで教えてもらい、自らの手で試行錯誤しているだけである。つまり重要なのは「自ら調べる力」と「学ぼうとする力」である。

一人でやると聞いて引いてしまう人も多い。だが、私と一緒に仕事をすれば分かるが、私の日常の業務では大した事をしていない。いつもプログラムを書いているか、インターネットを観ているようにしか見えないだろう。一人なのだから当然、打ち合わせも少ない。それでもいろんな課題や問題を解決できる。それがITなのだ。たくさん打ち合わせを入れて仕事をした気になっていた昔の自分を思い出すと少々恥ずかしい。

「みんなで仲良く」はIT産業に向かない

日本の生産性が低いのは、IT活用不足のほかにどんな理由があるだろうか。私なりの考えがある。

そもそも日本の教育は、何をするのも集団や協調性を重視する。ものづくりの産業には向いているかも知れないが、一人のアイデアが大きな成果を生み出すIT産業に向いているとは言えない。個性を重視する米国がIT産業において優位に立っているのは教育の成果でもあるというのが私の考えである。協調性やチームワークの重要性を否定はしないが、それを重視しすぎた教育ではIT分野で大きな成果を得られない。

日本ではITの本質を知ってうまく回そうという意識が足りない。これまでのやり方にITを無理に合わせようとして、うまくいかない状況を作り出している。日本企業がERP（統合基幹業務システム）を自社に合わせて大改造したり、ITが重要だと言っているのにIT部

門を衰退させ、エンジニアを疲弊させて平気だったりする。私が一人で企業のIT環境を立て直したのは、一見すごいように見えるが、ITの本質からすると至って普通のことだと思う。

自分が「クラウド事業者」になるという発想

　最近ようやくクラウド活用が日本でも本格化してきた。東京エリアにも主要なデータセンターが立ち並ぶようになり、ネットワーク遅延の問題も解消しつつある。オンプレミスとクラウドが共存するサービスも増えてきた。

　と言っても、実際の現場ではクラウド利用のハードルはまだ高い。費用の高い安いというよりも、新しいものを使うことに対するハードルの高さ、組織や予算制度の柔軟性の無さや意思決定の遅さ、責任のたらい回しといった日本企業の体質的問題が大きく影響している。

　長い目で見ればコスト削減につながるにもかかわらず、クラウド利用という新しい費用の発生に拒否反応を示す。クラウドを活用するとなったら、セキュリティなどの担保や何かあったときの対策をIT担当者に求めてくる。「ただでさえ人が減って忙しくなっているのに」と言いたくなる。

　IT担当者は「どうせ評価もされないなら、わざわざ面倒なことはしたくない」と考えてチャレンジをしなくなり、クラウド活用にも保守的な態度を取るようになる。結果として企業のIT活用がますます進まなくなる。IT部門を弱体化させ、IT担当を疲弊させた代償は小さくない。このような状態に陥っている企業はきっと少なくないと思う。

経営判断しないから高コストになる

　どんなことにもリスクはつきものである。リスクを取ることでその

恩恵を受けられる。しかし「恩恵は受けたいが、リスクや責任は取りたくない」と都合の良いことを言う人が多い。

本来、経営で判断すべきレベルのリスクや責任がIT担当に押し付けられ、IT担当はそれをITベンダーに押し付ける。ITベンダーはそれを下請けに押し付ける。当然、ITベンダーはそれぞれリスクを積むので高コストな状態になっていく。

それもこれも原因は、ユーザー企業が自社のIT環境の自らの責任で面倒すら見られなくなってきたことに尽きる。もちろん、その背景に終身雇用や年功序列といった流動性の低い雇用環境があるのは言うまでもない。

そんな事を言ったところで、状況は変えられない。だったら自分が「社内のクラウド事業者」になればよいのだ。私の場合、システム構築ごとにサーバーを購入していたのをやめ、サーバー調達回数を減らし、クラウド事業者の真似をしてオイシイところを頂けばよいと考えた。

ひとり情シスを運用するうえでの決め手の一つである、自由になる仮想環境を手に入れたのは、こうした発想があったからだ（図29）。

図29 「自分がクラウド事業者になる」との発想で仮想環境を手に入れた

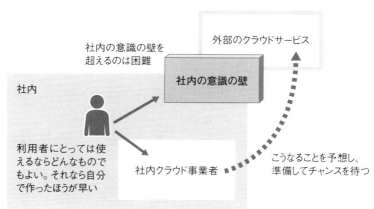

図30　パソコン1台あればLinux環境で業務システム開発ができる

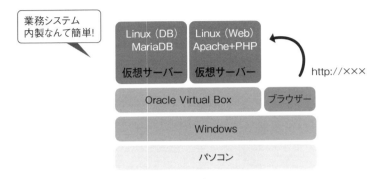

　当然、何かあったときの責任は自分に降りかかってくるが、それでも構わない。責任が誰にあろうと、ひとり情シスである限りIT担当者が全て尻拭いするしかない。実際、私がそうだった。
　クラウド事業者と言っても、中身はでっかい仮想環境を抱えて運営しているだけだ。基本的な仕組みは小規模な環境と変わらない。手持ちの古いサーバーやパソコンがあれば小規模な仮想環境は作れる（図30）。ただ、それでは自由にサーバーを立ち上げるためには力不足だ。それなりの規模にしていくには投資が必要になる。
　その投資を実現した経緯は先に述べた通りだ。今では250台のサーバーや数千もの共有フォルダを運営するまでの規模になったが、社外のクラウド事業者よりもメリットを出せているので、あえてクラウドに切り替えろと言う人はいない。

規模が大きくなればクラウドが必要になる

　このままの規模で、ほとんどコストがかからない状態にして、柔軟性とスピードとそこそこの品質を維持していれば、クラウド事業者に負けることはないだろう。今も、すぐにサーバーが調達できるため、

社内からサーバー構築の要望が集まってきている。サーバーが増えることで重要さが増して、次の投資がしやすくなるという好循環を作ってきた。

とは言っても投資規模が大きくなっていくと、一人で対応するのは大変になる。今でも作業はできるだけ自分でやることで作業費を大幅に減らしているが、最近はサーバー管理よりも、業務システム開発に主軸を置いていることや、働き方改革で労働時間がかなり減っている状況なので、作業のための工数を捻出するのは大変である。

大型設備投資は5〜6年に一度とはいえ、1年以上前から予算確保などの準備を始めないといけないので、かなり面倒な作業である。ただ自分でできる作業だけに、業者に作業をお願いしたときの作業費をもったいないと考えてしまう。

そんなこともあり、数年に一度の投資をいずれ無くしたいと思っている。そのためにはクラウドの活用が必要となる。オンプレミスと共存できるサービスも出てきているので、料金と柔軟性の問題が解決できれば導入を検討できる。次のリプレースまでには解決しそうだ。

後はどうやって社内の意識を変えていくかである。これが一番高い壁だが、これまでもいくつもの壁があった。いつでも動けるように準備していたら、チャンスが勝手に訪れて解決したことも多い。今は準備をしっかりして、次のチャンスを待つ時期なのかもしれない。

ひとり情シスの先は「ゼロ情シス」

私は居候として部門を転々とすることで、いろんな立場で物事を見ることができた。その際に学んだには、それぞれの立場で言っている事、やっている事は妥当であるということだ。第三者からは「何でそんなことやってるの」「こうすればいいじゃん」と思えても、実際に

その立場になってみると「なるほど、そういうことか」と納得し、私も同じ立場だったら同じことをしていたと思うことも多かった（図31）。

　実は居候しながら勉強させてもらっていたのである。現場に溶け込まないと得られない「実は…」の話にこそ価値があり、「愚痴聞き屋」になることもよくあった。それができたのは下っ端だったからだろう。現場には部下が上司には言えないことがたくさんあり、システム化の多くのヒントが隠されている。居候時代の貴重な経験が、その後の業務システムの開発や全体最適の取り組みにつながることになった。

　経営層と接する機会も、よい勉強になった。たいていはIT投資のお願いで、「何でこんなに高いんだ」「他に案はないのか」などと毎回責め立てられた。しかしよく話を聞くと、話の端々に本音と建前が見え隠れしている。偉そうな事を言える立場ではないが、経営層もいろ

図31　相手の立場にならないと、第三者では分からない

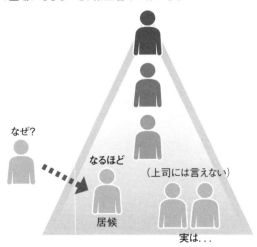

いろと大変なのである。経営者はITに理解が無いわけではなく、IT
を詳しく分からないため判断できないだけだというのが、私の見立て
である。

閉じこもっていては誰も評価しない

それぞれの企業には長い時間をかけて形成された制度や仕組み、雇
用環境があり、過去の経緯や社内の政治的な事情がある。IT要員や
IT部門は、各部門や経営層と十分にコミュニケーションを取って、
その辺りのことを十分に理解したうえで、IT投資を提案したり、業
務システムを構築・運用したりしないと、特に日本企業では十分な役
割を果たせない。サーバールームに閉じこもり、機械の面倒を見てい
るだけでは誰からも評価されず、「IT部門など無用」と思われてしま
うのである。

それが分かっていたとしても、IT部門の内部でもしがらみを引き
ずっており、IT要員は求められる動き方ができない。だがIT部門の
消滅は、そんな過去のしがらみを全て消し去った。一人でIT部門の
業務を回さなければいけないから、各部門の人や経営層とコミュニ
ケーションを取るほか道は無い。他部門への居候経験も生きた。ひと
り情シス(私の言葉では「ソロインテグレータ」)という一見無力な
体制こそが、実はIT部門が抱えていた根本問題の解決の糸口となっ
たわけだ。

各部門の現場に入り込み、中立な立場に身を置いていると、自然に
情報が集まってくる。その情報が貴重なヒントとなる。ただの愚痴を
聞かされていると思うか、貴重なヒントを教えてもらっていると取る
かは自分次第である。

いろんな部門を転々としても、私の主たる仕事は基本的に何も変わ
らない。上司の理解が得られなくても、現場の理解が得られれば、そ

れだけで仕事も進む。どうせ上司が評価できないし判断もできないのであれば、特定の組織に身を置く必要があるのだろうかと思うようになった。

　評価もされないところにいつまでもいるよりも、自分の能力を必要としている場所を転々としながら、サーバー構築や業務システム内製で貢献したほうが、自分のためでもあり、会社のためでもないだろうか。もちろん社内だけでなく社外を含めても言えることである。どこの会社でも通用するスキルを持つことで、活動範囲の広がりと多くの選択肢を得ることができるようになる。

社内に散らばる多能工エンジニアが理想

　この先、人材不足とITの進歩で、分業体制や担当範囲の狭い仕事は減っていく。エンジニアを1カ所に集める必要もなくなっていくわけなので、IT部門という組織の必要性も薄れていくだろう。ベンダー管理がIT部門の主たる業務になっているのであれば、なおさらである。

　エンジニアには社内のIT活用を推進する役目だけを与えて、社内を転々とさせたほうがメリットは大きいというのが、私が経験から得た結論だ。思い描く理想の体制は、社内に散らばった数人の多能工エンジニアが、経営層に近い上司、例えばCIO（最高情報責任者）に報告を上げるという体制である。いわば「ゼロ情シス」だ。最近、経営層との距離が縮まったことで、自分の理想に少し近づいてきた気がする。やはり、具体的にイメージすることが理想の実現への近道なのだろうか。

　先ほど述べたように、社内システムもやがてクラウドサービスに置き換わっていく。そうなると、エンジニアの仕事が減りそうな気もするが、実際には全てがクラウドサービスに置き換わることはない。ク

ラウドサービスは標準に合わせることで効率化しているので、逆から見ると、標準に合わせることでユーザーに不都合が生じるということでもある。特に、フルスクラッチでシステムを作ってきた日本企業は、痒いところに手が届かないシステムを嫌う傾向がある。

　もちろん標準に合わせることは重要だが、会社固有の事情を全てゼロにすることは難しい。クラウドサービスやパッケージ導入による不都合を解消する何かが必要になる。放っておくと、事業現場の担当者がまたExcelを蔓延させてしまうので、この先も痒いところに手が届く業務システムの内製が必要となる。これが私のシナリオである。

　エンジニアとしては「こちらで不都合を解決しますよ」と手招きをするだけでよい。いや、むしろ向こうから「なんとかして」と依頼が押し寄せてくるかもしれない。そんなわけで、今後ともエンジニアの仕事が無くなることはない。いつまで経っても、業務システムを一人で作れるプログラミングスキルの価値が減じることはない。

壁を作るのは自分、壁を乗り越えるのも自分

　私も最初はサーバー2〜3台の運営だけでも手一杯であった。サーバー自身の問題というよりも、サーバーに接続するPC端末側のアプリの対応に追われており、これ以上は無理だと思っていた。その後、システムのWeb化で端末側の面倒を見なくてよくなり、負荷が大幅に下がった。

　その後、IT部門の人員削減の影響で抱えるサーバーが増え、これ以上押し付けられると破たんすると思ったが、仮想化技術により台数削減に成功し負荷が大幅に下がった。それでもIT部門が消滅した際、全社の200台のサーバー運営はさすがに無理と焦ったが、BCP（事業継続計画）の投資を得て最新の環境を構築し、全てのサーバーを管理

できるようになった。しかも、私個人の仕事の負荷は下がったのである。管理するサーバーは今では250台を超えている。

　結局のところ、「無理だ」と思うのは「現状のままで行う」ことを前提にしているのであり、自分が作った壁でしかない。もちろん「無理だ」という壁を超えるには、適切なIT投資が必要なことが多い。IT投資をしないことで壁を超えられず、非効率で高コストな状態から脱却できないでいるとしたら、それこそ無駄である。

　壁を超えるには、メンタルのコントロールも重要である。自分に「できる」と思い込ませなくてはならない。「無理だ」と思ったら終わってしまう。私はこれまで何度も「無理だ」と思うことがあった。しかし「これがダメならやめよう」と腹をくくったら、状況が急展開してうまく回り始めたことが何度もある。つまり自分の努力に幸運が重なるのだ。

　最初は「無理かな」と思っていても、やってみたらうまくいくことが多い。まずはやってみることが重要である。基本的にITでできないことはあまりないと思っている。やってもいないのに「無理だ」と思わないほうがよい。逃げるのが癖になってしまうからだ。「無理だ」

図32　壁を作るのは自分自身、やってみたら意外にできてしまう

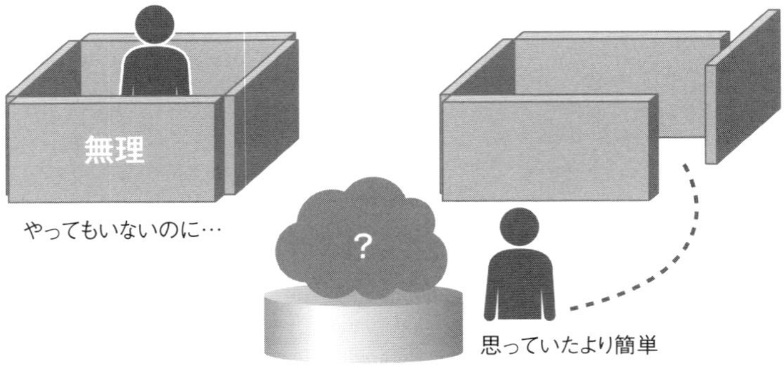

無理

やってもいないのに…

？

思っていたより簡単

246

は思い込みであることも多い。以前の自分がそうだった。

　以前の私と同じような状況で、衰退したIT部門で疲弊しているエンジニアは、壁は超えられると本気で思ってほしい（図32）。本気で何とかしたいと思えば、私の経験が生かせるはずだ。ここに前例があるのだから、安心してチャレンジしてほしい。エンジニアなら、たった一人でも解決できる。私がそれを実証した。やりたいと思ったらチャンスである。

「夢なき者に成功なし」の教え

　「無理」「できない」といったネガティブな言葉は、思考を停止させる力がある。一度思考が停止してしまうと、うまくいく事でもうまくいかなくなる。ITは知識集約型の仕事なので、頭が回らなくなったら終わりである。これでは「CPUが動かないコンピュータ」だ。

　「無理」「できない」のほかにも、他人に依存する言葉も思考を停止させてしまう。誰かにやらせたり、外部委託したりすることで改善が進まなくなるのは、自分事でなくなり、改善の思考が停止するからだ。

　「無理」「できない」が口癖になっている人をよく見かける。「SQLやWebプログラミングなんて私には絶対に無理」と言っている人が、Excel VBAでバリバリ業務を自動化していたりする。それだけの力があればWebで業務システムを構築することなんて難しくはないのにと思ってしまう。結局のところ、人それぞれの得意不得意、好き嫌いが大きく影響しているのだ。自分にあった多能工化を目指せばよいと思う。Excel VBAよりはWebの業務システムをお勧めしたい。

　実はそんな私も自分には無理と思っていることがある。英語である。過去にお金をかけて何度もチャレンジしてきたが、全く成長しない。実は英語を勉強したいと思っていないことが根本原因だろう。多くの単語の記憶は苦手という意識もあるかもしれない。自分が英語を

話せるようになるより前に、ITが進化してリアルタイム翻訳が普及すると考えているので、なおさらやる気が起きない。

　言い訳にしか聞こえないかもしれないが、苦手なものを克服するより、得意なものを伸ばすほうが、やる気も出るし効率が良い。「平均点を上げるより、ダントツなものが一つでもあったほうが価値がある」というのが、私の人生経験から学んだことだ。社内で誰にも負けないダントツを一つでよいので作ろう。

　日本は少子高齢化で人口減少時代に突入している。少なくとも、今までと同じやり方ではダメなことは、誰にでも分かるだろう。あらゆる業界で省力化を進め、一人の生産性を高めなくては乗り切れない。

　IT部門も例外ではないが、衰退しきってしまったIT部門は、もう復活することはないと思う。であれば、企業の新たなIT運営の形である多能工エンジニアによる省力運営にチャレンジしてもよいのではないだろうか。これは、エンジニアと経営者に向けた私のメッセージである。

　最悪とも思える状況からでも、あきらめなければ道は開けることを、知ってもらいたい。夢は想い続ければ、いつかはかなうと信じてほしい。「夢なき者に理想なし、理想なき者に計画なし、計画なき者に実行なし、実行なき者に成功なし。故に、夢なき者に成功なし」という吉田松陰の有名な言葉があるが、私には「夢はかなうもの」と聞こえる。皆さんはいかがだろうか。

社外で評価される人材を目指せ

　私は「ここまでやったら、さすがに評価してもらえるだろう」と期待しながら、ひとり情シスとして長期にわたって効率化や作業範囲の拡大に取り組んできた。しかし、やってもやっても評価にはつながら

なかった。

IT部員10人でも回し切れなかった環境を立て直し、200台もの老朽化したサーバーを、一人で面倒を見られるようにしたにもかかわらず、評価にはつながらなかった。逆に、一人でシステムを抱えていることが気に入らないのかと思うような対応をする人さえいた。IT部門をそんな状態にしたのは、私ではないにもかかわらずだ。

まず認識しておかないといけないのは、社内で第一人者となってしまうと、その能力を評価できる人はいなくなるということである。つまり、どんなにがんばっても評価されることは無い。何をやっているのかすら分からないのに、評価ができるはずもない。しかも理解させることの難しさも経験済みだ。本人が知りたいと思わなければ頭に入らないのだ。

私はそういった事に気づくのが遅かった。結果的にはスキルアップができてよかったかもしれないが、精神的に非常に苦労をしたことも事実である。とはいえ、中途半端に評価されて、それに満足しスキルアップの努力をしないまま歳をとってしまうことよりはよかったかもしれない。

では、なぜ私が最近評価されているのかというと、一人で社内のサーバー環境を面倒見ていることが社外で認められ評価されたからだ。講演を依頼されるまでになり、それが新経営層の耳に入り、関心と評価につながったのだと思う。そして、経営層が評価していることが管理職層に伝わり、上司の評価につながっていったのであろう。

もちろん、この状態が真に評価されていると言えるのかは微妙である。実際、今でも「パソコンに少し詳しい人」程度にしか思われていないように感じることが多い。伝えることの難しさを痛感するばかりである。

しかし、それだけでも十分である。一度評価が得られれば、そのイ

メージは大きくは変わらない。接する機会が少ない人ほどイメージが固定化される。評価は煎じ詰めればイメージの問題であり、目立っているかどうかの問題でしかないのかもしれない。昔、声のでかい人が評価されると言われていたが、基本的にはそれと同じである。

　評価と報酬が連動するとは限らない。経営層から評価を得ても、報酬に連動する実際の評価は現場の裁量に任されている。平社員である以上、その範囲を超える評価は人事制度上許されないからだ。もし、報酬アップを目指したいのなら、スキルアップをして転職をしたほうが断然効率が良い。報酬は交渉で決めるからだ。

社内の評価にこだわることの無意味さ

　社外の人は、利害関係が無いために客観的な評価をしてくれる。そこに社外活動の価値がある。「誰が言っているのか」を重視する社内よりも、「何を言っているか」を重視する社外のほうが、正しい評価をしてくれる。逆に、言っていることがダメならば全く相手にされない厳しい世界でもある。

　下っ端社員の話は聞いてもらえない状況に長く甘んじていた私には、これまでやってきたことを理解し評価してくれる人が社外にいることが心地良く、やり甲斐や自信にもつながっていった。社内の低評価は気にならなくなり、気持ち良く仕事ができるようになっていった。

　私が社外に目を向けるようになったのは、ひとり情シスの実現で仕事に余裕ができたことがきっかけである。最初は情報収集も兼ねて活動を始めたが、「あわよくば自分の成果が社外で評価され、回り回って社内に響かないかな」とわずかな期待があった程度だった。まさか、こんな短期間で現実のものとなるとは思ってもいなかった。それだけIT部門の衰退、ひとり情シス化の進行が多くの企業で大きな問題になっているのであろう。

日本のエンジニアの
生きる道は「多能工」 第11章

　もちろん経営層が変わり、偏見なく見てもらえるようになったことも大きい。これまでやってきた様々な取り組みがようやくつながった気がした。そして、社外で認知されることがこんなに力強いものだと実感し、これまで社内の評価にこだわっていたことの無意味さを認識する結果となった。

　是非、社外で評価されるエンジニアを目指し、自分を磨いてほしい。ゴールは定年ではなくその先にある。常に社外を見ていれば、今の会社にしがみつく悲しい状況に陥らなくて済むし、定年で全てを失う悲しいサラリーマン人生とは違う人生の選択肢も得られるだろう。

ベンダー管理で満足している場合ではない

　10人もいたIT部門には、私よりも有能な人がいた。それなのに、なぜ私が最後まで残ったのだろうか。投資も評価も得られないIT部門に見切りをつけるのが遅く、逃げ遅れただけとも言えるが、それよりもプログラミングができたことが最後まで残った理由と考えている。これまで一番役に立ったものは何か、と聞かれたら、運を除けば間違いなく「プログラミング」と答えるだろう。私にとってプログラミングはアイデアを実現する強力な武器であり、価値を生み出す魔法のアイテムである。それで自分を守ってきたのである。

　アイデアがあっても予算の確保ができず、採用される可能性が低い提案資料を作り続ける同僚を見て、プログラミングの重要性を何度も再認識してきた。プログラミングさえできれば、自分でアイデアが浮かばなくても、ユーザーから「こんなことできたら便利じゃない？」とアイデアをもらえば実現できる。「ちょっと作ってみたけど、どう？」と返すことで、新たな展開が生まれ、自分のスキルアップにもつながる。

　お金がなくても改善や効率化が図れるため、予算が厳しいときほど

251

私は重宝された。そう思うと「日本の失われた20年」は、エンジニアであり続けたいと願う私にとっては都合が良かったと言える。そうでなければ、エンジニアを撲滅する管理職コースに乗せられ、エンジニアとしての私も撲滅されていたかもしれない。

プログラミングにより価値が生み出され、それが人を動かし、私にとって価値のあるものになって戻ってくる。生まれた価値を元手に、ギブ・アンド・テイクの取引に使って自分の仕事を楽にしたり、いろんな人に"貸し"をつくって困ったときに助けてもらったりすることもできた。

ただし、プログラムそのものに価値があるわけではない。プログラムから生み出されるものが、依頼者やユーザーに必要とされて初めて価値となる。依頼者が何に困っていて、どうやって解決することが依頼者のためになるかをよく考えて、その思いや発想をプログラムに込める。こうした取り組みは、分業開発では難しい。担当部分を作るだけになってしまうからだ。だから、高いお金を出したにもかかわらず「使えない」と言われるシステムが、後を絶たないわけだ。

プランしか出せない優秀なエンジニアの末路

衰退したIT部門にいると、コンピュータサイエンスを学んでいようが、ITスキル標準で高いレベルにあろうが、何の評価も得られない。ユーザーが使えるものを実現できるか否かでしか判断されないのだ。投資を抑制している時に、人やお金を使うプランしか出せないと、どんなに優秀なエンジニアであっても評価は得られない（図33）。だから、景気低迷で投資が抑制されると、成果が出せなくなったIT部門の人員が安易に削減されてしまうのだ。

そのような状況を見てきたからこそ、私は「誰にも頼らなくても価値を生み出せるようにならないといけない」と危機感を持つことがで

図33　お金を使うプランしか出せないと優秀なエンジニアでも評価は得られない

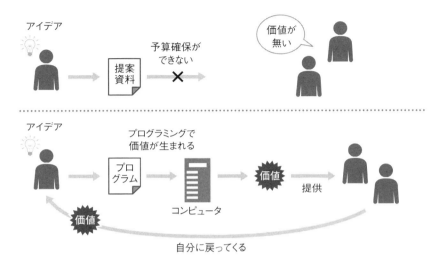

きた。その危機感をバネに、役割や範囲の拡大と多能工を目指し続けたことで、何でも一人でできるエンジニア、私の言葉でいう「ソロインテグレータ」に成長することができたのだ。

　ITが進化することで、エンジニア以外の人も技術を使うことができるようになってきた。仮想環境も基本的な動作さえ学べば、別にエンジニアでなくても扱うことができる。となると、私の価値も下がると思うかもしれないが、エンジニアは仮想環境の運営をする役目ではなく、省力化環境を作ることが役目である。仮想環境の運営はついでにやっているだけである。

　エンジニアとしての私の価値はゼロから仮想環境を立ち上げ、その上で業務システムを構築できることにあるのだ。仮想環境が操れるだけでは価値はない。だから「仮想環境を手に入れろ」と言っても、他人に作らせているようでは意味がない。手に入れることも大事だが、自分で仮想環境を作ることが大事なのだ。仕組みを知っていて仮想環

境を操る人と、理解しないで操る人では、運用や活用でも差が出てくるはずである。

予算確保が不要な内製だからできること

IT部門やエンジニアに重要なのは生み出す力である。お金を使って他人にやらせるだけのベンダー管理にはあまり価値はない。必要なのは常に変化する社内の状況や業務とITをつなぐスキル。世の中にあるものだけで簡単に実現できればよいが、そんな都合の良いものは簡単には見つからない。だから、差分を埋めるための痒いところに届く仕組みが必要になる。Excelマクロでも仕組みぽいものは作れるが、Web環境で業務システムが簡単に作れたほうが便利である。

業務システムと言っても既に見たように、ちょっとしたデータの入出力ができればよいだけである。IT部門を衰退させてしまうような企業なら、格好良いものでなくても十分だ。自社の状況を把握して、いろんなもののつなぎ役となるプログラムを作る。顧客にお金をもらって作る商品でもないので、過剰な品質や誰も見ないドキュメントも不要だ。大金をかけてITベンダーに委託しないといけない案件はそれほど多くない。

システム構築の依頼者と話をしていると、「どうせ作るなら」「せっかくの機会だから」と要求が肥大化していく。そうやって、機能要件が増えて破綻するプロジェクトは少なくない。そのときに必要なのは「その先の開発で要望を満たしてあげますので、今回はまずここまでにしませんか」と言うこと。この先もサポートしますという安心感だ。

システムを作る機会が減っている状況では、欲が出てしまう気持ちは分かるが、全て応じているとこちらが破綻してしまう。いつでも作ってもらえる、改造してもらえる安心感が、過剰な要望を抑えることになる。こういった調整も、予算確保が不要な内製だからできるこ

とである。予算確保して外部委託するのだったら、私も欲を出してしまうだろう。

夢と目標、そしてブレない志とポリシー

　エンジニアは企業ごとに異なるIT環境、人や組織、企業文化、経営者の思想や経営状況などを考慮しながら、自社に最適と思われる手段を模索する必要がある。その際に、ぶれない目標、基本方針、行動指針を持つことで、一貫性のある行動が継続され、その積み重ねが大きな力となる。まずは自分自身の基本的な考え方をしっかり持つことが重要だ（図34）。

　私は、一人で業務を回すために、次の三つを意識して取り組んできた。「仮想化」「標準化」「先読み対応」である。これは消滅前のIT部

図34　「何でもできる多能工」になるには、まず目標や基本方針が必要

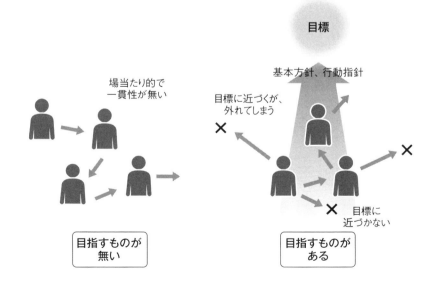

門では、できなかったことの裏返しである。以前のIT部門を反面教師にすることが一番手っ取り早く、効果も高いと考え、それを基本方針にしたのだ。難しい話ではないが、少し補足する。

「仮想化」は一般的には、サーバーやネットワークの仮想化をイメージするだろう。私はもう少し範囲を広げている。例えば紙で運用している業務をシステム化したり、埋もれたデータを活用できる状態にしたりすることなども含めている。

要するに、バーチャルの世界に引き込み、容易にコントロールできるような状態にすることである（図35）。ちなみに紙での運用を単にExcelでの運用にしただけでは、バーチャル世界に引き込んだことにはならない。それは単なる電子ファイル化しただけである。

「標準化」はそのままの解釈でよい。まず標準化をしないと、効率化や自動化の段階には進めない。「2割の例外が工数全体の8割を占める」という法則もあるようだが、以前のIT部門は感覚的には4割以上が例外だった気がする。だから大勢がいくら残業しても時間が足りなかったのだろう。ユーザーの要望をそのまま受け入れることを繰り返してきたため、ユーザー都合の例外処理が増えてしまったのである。

図35　バーチャルの世界に引き込めば自動化が容易に

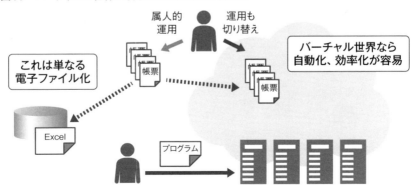

「先読み対応」は常に先の事を考えて、今の対策を打つということ。私は先の先まで意識するようにしている。以前のIT部門は、今の業務を回すことで精一杯だったために、先の事を考える余裕すらなかった。そのために何事も後手、後手になり、それがトラブルをさらに悪化させ、忙しさが一層増すという悪循環に陥っていた。

　「この先、こんなことになりそう」と考え、少しでも先手を打つなり保険をかけることができれば、トラブルを未然に防止したり被害の拡大を食い止められたりできるのである。

場当たり的な対応を繰り返したIT部門

　当たり前のことが当たり前にできなくなっているのが、今のIT部門やIT担当ではないだろうか。サーバーやシステムのほうばかりを見て、そもそもシステムは誰のため、何のためにあるということを見失い、ガチガチの運用とルールで利用者に不便を強いていないだろうか。そうなってしまう気持ちも分かる。ITリテラシーの低いユーザーを大勢相手にしていては、いくら時間があっても足りないのは事実だ。

　他人の自動化効率化ばかりを優先した結果、自分たちの自動化効率化ができていないこともIT部門の敗因である。内製力を失ったことで、自分たちの改善にも予算が必要になったが、稼ぐ部門ではないためにかなわなかったのかもしれない。やはりIT部門は内製化できないと生き残れない。

　以前のIT部門は目先の成果にばかり気を取られ、場当たり的な対応を繰り返し続けた。結果、200台もの物理サーバーが手に負えない状況になってしまった。「こうあってほしい」「こんな環境になったらいいな」と思う気持ちは、ITがどんなに進化しようとも大きく変わることはない。それを目指し、コツコツと取り組みを続けるブレない姿勢こそが大切であり、そのためにはしっかりしたポリシーを持つこ

とが必要である。

　間違ってもらいたくないが、それは頑固に守り続けることではない。変化に柔軟に対応しながらも、自分の目指す方向に持っていくことである。もしIT部門がうまく回っていないと思うなら、私のように今までとは全く逆の事をやってみるとよいだろう。

　人や仕事を選ぶことも常に意識している。みんな平等に対応するというのは理想かもしれないが、現実は難しい。体が一つしかないので、優先順位をつけなくてはいけない。

　メリット/デメリット、リスクの大小を天秤にかけながら、優先順位を決めていくことになるが、無責任な行動をする人や自分都合な人に対しては、こちらも感情のある人間なので、優先順位を下げてしまう。今後のためにも、バカなふりをして断ることさえある。こいつはダメだと思わせれば、次から声をかけてこなくなる。

要望が来る時がベストタイミング

　改善要望やシステム構築依頼に関しても、意識していることがある。「こんなことできる？」と聞かれたときに、それをやる価値があると思ったら、忙しくてもすぐにサンプルを作って見せることが重要である。「ハリボテでもよいのですぐに見せる」のである。私の経験上であるが、要望している人がやる気になっている期間は意外に短い。その機会を外すと、「今なら時間があるからできるよ」と言っても乗ってこないことが多い。

　要望してくるということは、何かが起きているときであり、それはベストタイミングなのである。そのタイミングに合わせるためには、まずサンプルをいち早く提供し、相手にできそうだと思わせることが重要である。

　ハリボテかどうかは見た目では分からない。それで相手がイケると

思えば、おそらく上司と相談するなどの次のフェーズに進む。そこまで行けば、あとは待ってもらえる。相手も要望を聞いてもらえたという気持ちから、こちらの要望を聞いてくれるようになる。なぜそこまでやるかと言うと、長期的に自分のやりたいことを実現するための協力者を増やすことにつながるからだ。

ハードルではなく「山に登るイメージ」を持て

　多能工エンジニアのハードルは高いと感じている人もいるだろうが、それをイメージしているのは自分自身。まずそれに気づいてほしい。そもそも「今すぐできるようになれ」と言っているわけではない。本当にハードルが高いか否かは、やってみないと分からないはずだ。分からないことに対して恐れや不安を抱くという人間の本能が、高いハードルをつくり上げているだけなのである。私も以前はそうだったのだが、一歩踏み出してみたら、意外にできてしまうことが多かった。

　実際に行動を起こすと、ハードルの本来の高さが見えてくる。その結果、本当に高いことが分かってあきらめるならまだしも、まだやりもしないうちにあきらめたり、言い訳をして逃げたりしていてはもったいない。勉強もろくにできない私でさえ、ここまでできたのだから、他の人にできないはずがない。「できるんだ」と自分に言い聞かせているうちに、本当にできるようになるはずだ。

　いろんなことに挑戦していれば、徐々に自分のスキルが高まっていくことを実感するようになるだろう。時々訪れるチャンスにも気づけるようになり、それをつかめるようにもなる。そうなったら、しめたものだ。気づいたら役割や範囲が拡大し、多能工エンジニアとして活躍している自分に気づくはずだ。

　仮に、ハードルが本当に高かったとしても、すぐにあきらめてはい

けない。「ハードル」と表現すると、一気に超えるイメージを持ってしまうが、実際は徐々に登っていく感じである。例えば「200台のサーバーを仮想化し、複数の業務システムを内製する」と言ったところで、実際は1台ずつ処理していくだけである。業務システムの内製も、最初は簡単な一覧表示画面から始まる。時間をかけて徐々に大きくしていくのである。

　それは富士山登山と似ている。駅の階段ですら息切れするほどの運動不足の状態で、いきなり富士山登ろうと言われた時、さすがに無理だと思った。ダメなら途中で戻る気持ちで挑戦したが、登り始めたら小さな一歩一歩の積み重ねでしかなく、意外に登れてしまう（図36）。

　低酸素状態にも体が徐々に順応してくる。気がつくと雲の上。頂上にたどり着いたときの達成感と、登ってよかったと思う気持ち、そして全く違う景色と空気を感じながら、自分が大きく成長した気持ちになった。まさにこれと同じ感覚である。

図36　"山"は高くても、実際は一歩一歩の積み重ねでしかない

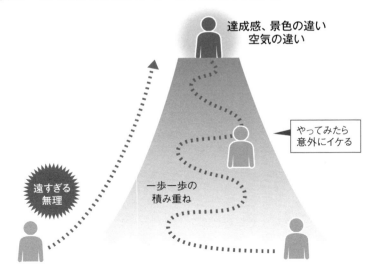

エンジニアは細部を軽視してはならない

　役割や範囲が拡大すると、選択肢が増える。自分に都合の良い方法で対応ができるようになるので、問題解決が楽にできるようになる。抱えるものが増えると逆に楽になる一番の理由だ。多くを抱えることにより景色が変わり、意識も変わってくる。

　組織で偉くなればコントロールできる部下やお金が増えて、仕事がしやすくなるのと似ているが、管理職は偉くなればなるほど現場から遠のいてしまう。しかし、エンジニアは現場から遠のいてはダメだ。「神は細部に宿る」という言葉があるように、ITの場合は特に細部を軽視してはいけない。だからこそ、エンジニアとして生きたいなら多能工になり、現場で役割と範囲の拡大を目指すのだ。

　コンピュータは命令に忠実だ。ひとくせもふたくせもある部下のいる組織よりも、はるかにコントロールしやすく統制も取りやすい。コンピュータには感情がないから、できないことはできないし、入力しないと結果は出ないなどとはっきりしている。だから「人→人」ではコントロールが難しくても、コンピュータが間に入り、「人→コンピュータ→人」だとコントロールしやすくなることも多い。

　もちろんそのためには、コンピュータを常に操れる状態にしておく必要がある。ITベンダーにシステムやデータベースを握られているようではダメである。

　システムを操り、社内に影響を与えられるようになると、組織で偉くならなくても、自分の成長を実感できるだろう。それが自信と度胸につながる。下っ端の平社員が、会社全体をコントロールできる仕事なんて他にはない。

　人は、夢や目標があるからがんばれる、がんばって得たからこそ、得られた価値は大きい、苦労したからこそ学べることも多い。それは幸せなことである。苦しい時があるからこそ、楽しいときの気持ちが

倍増するのだ。人間は知能を持つ生き物である。苦労や失敗を繰り返して成長する。IT部門が衰退して、IT活用ができない状況も必ず解決できるはずである。

他人を変えるより自分を変えるほうが簡単

ひとり情シスは仕事の相手が全社に及ぶため影響や責任も重く、大変な仕事であることは間違いない。しかし、それ以上に大きなやりがいがある。

変なものを作ったときはクレームを受け、良いものを作り問題を解決したときは感謝される。社内の反応に耳を傾け、より良いものにつなげていく。結果的に、自分のスキルアップにつながる。エンジニアにとって、こんなやりがいのある仕事はそうはないと私は思う。

無理難題を言われ、全社からクレームを受け、コスト削減を要求され、責任を負わされ、「過去の遺産をなんとかしろ」と言われる。それなのに評価は得られない――。以前はそう考えていた。しかし、うまく回り始めると考え方が変わってきた。いや、考え方が変わったから、うまく回り始めたと言ったほうがよいだろう。

無理難題によってチャレンジする機会を与えられているのだ、と考えてみる。苦境に立たされたときこそ得られるものは大きく、スキルアップにつながる。ぬるま湯の環境にいたら、自ら必死で学ぶことはしないだろう。無理難題への挑戦こそが、エンジニアにとっての腕の見せ所である。

クレームは貴重な利用者の反応である。システムを作るだけの人には得られない貴重な情報だ。自分では良い出来だと思っているものも、「何このシステム！」「誰が考えたんだ！」などと言われているかもしれない。それに気づかないと、今後も使えないシステムを作り続

けてしまう。最近のITベンダーが作るシステムには、そのような傾向があるように見える。エンジニアなら一度はクレームを直接受けるところに身を置くべきである。

コスト削減は企業にとっては当然のことだ。お金をかけずに何とかしなければいけないという状況が、内製化を進めるきっかけにもなる。コスト削減という目的があるほうが、勉強にもなるし工夫もする。自分の内製力も高まる。仕事を通じて、スキルアップできるのはありがたいことだ。

積み上げてきた過去のやり方を壊したくない気持ちも分かるが、ITのスピードについていけなくなるほうが、この先もっと困るはずだ。ITは多少の失敗を覚悟して攻めるくらいがちょうどよい。守りに入るとITに振り回されるようになる。

ITのスキルアップには自己啓発が重要だが、やはり効率が良いのは仕事でスキルアップを図ることだ。会社で無理難題を言われ、それを乗り越えていくことこそ効率良く学べて、いろんな経験を得る方法である。私は「無理難題は自分を成長させるためであり、給料をもらって勉強させてもらっている」と自分に言い聞かせて日々奮闘している。

ネガティブでは人も運も機会も寄り付かない

だが実のところ、やはり同じ会社に長くいると、自分に言い聞かせ続けるのは簡単なことではない。昔は似た者同士で集まり、飲み屋で愚痴大会を開いていたときもあったが、それは一時しのぎでしかなく、何も得るものはない。ネガティブな人には、人も運もチャンスも寄り付かないということを思い知るのは、どん底に落ちてからだった。

今となって思えば、どん底も私の人生にとっては必要なことだった

のだろう。上司の無理難題も「来た、来た、今度はそれか！ さてどうしてやろうか」と楽しめるようになれたら最高である。ポジティブな人のところには、人も運もチャンスも集まってくるように感じる。うまくいかないときには、付き合っている人に影響されていることもあるので、注意してほしい。

　私はとにかく他人に過剰な期待はしない。期待通りにならなかったときに人のせいにしてしまうからだ。他人を当てにせず、常に自分事にすることで、うまくいってもいかなくても、自分の経験と反省につながる。他人を変えるのは難しい。どうしても譲れないこともあるが、自分が変わろうと努力したほうがよい。

　忙しいときはチャンスである。なぜなら仕事が集まってきているから。どんどん抱えて範囲を拡大すると選択肢も増え、さらに大きな改善ができようになる。勢いに乗っているときなので、がんばった分だけ成長できる。頭を使った分だけ賢くなる。そうやってスキルアップして何でもできるようになると、将来の不安が消えて無くなる。

　仕事がうまくいかずにくすぶっている人を見かけるが、私はそんな人は能力が無いというよりは、そこが居場所ではないからだと思っている。人には得意不得意、好き嫌いがある。広い世の中、その人が活躍できる場所は、どこかに必ずあるはずだ。少なくとも今の場所では活躍できる場所ではない。何をやってもうまくできる人ならよいが、そうでないのなら活躍できる場所を探す必要がある。

　しかし残念なことに、そんな人に限って行動を起こさない。そして、どんどん不利な状況になり、周囲からのマイナスイメージが定着していく。それが原因で自らの意志でもなく異動になるのは悲しいことである。私も部門を転々として、厄介者扱いをされた経験があるので、その辛さはよく分かる。そこで得た教訓は、どんな結果になろうとも自ら行動を起こしたほうががんばれるし、自分を納得させること

もできるということだった。

エンジニアの理想、こんな世の中にしたい

　いろいろ書かせてもらったが、私がイメージしているエンジニアが幸せになる環境を描いてみよう。特に中堅中小企業に所属するエンジニアにとって、どのような環境になれば幸せになれるかをまとめてみたい。と言っても、私自身もその一人なので、自分自身が幸せになるために実現したい仕組みを考えてみる。

　その仕組みに登場するのは、まず中堅中小企業のひとり情シス（多能工エンジニア/ソロインテグレータ）と経営者、システムの開発や運営を支援してくれるITベンダー、人材の発掘や活性化を促す求人転職支援業者、プログラミングなどの基礎教育をする教育機関、そして企業のIT活用状況を監査する機関である。仕組みがうまく回るように政策面や財政面で支援をする国の役割も重要だ（図37）。随分大きな話であるが、内容的には難しいことではなく、十分実現可能であると考えている。

ひとり情シスに必要な支援体制とは

　まず私が望むのは、これからも一人でも運営できるようにITベンダーの支援を受けられること。エンジニア不足とはいえ、ユーザー企業自身でできる事を自分でやるようになれば、ITベンダーは大きな負荷にならないだろう。

　IT先進国の米国とは逆転しているITベンダーとユーザー企業の技術者の割合も適正化されることを望む。ITベンダーは高度な技術を習得し、その技術をユーザー企業に提供してほしい。そして、構築後はユーザー企業自身で運営できるよう、教育も含めたサービスの提供

図37　社会全体でひとり情シス（ソロインテグレータ）を支える体制ができれば…

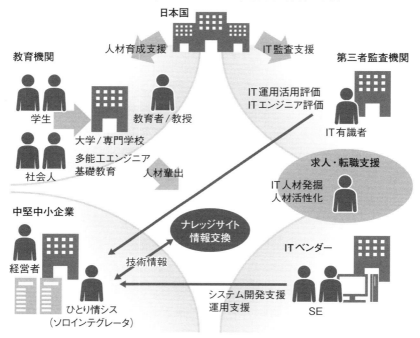

を願う。

　ITベンダーには、困ったときだけ技術支援をしてくれるサービスを安価で提供してもらいたい。責任を持ってほしいとは言わない。問題解決のために一緒にアイデアを出してもらいたいのだ。やはり一人は不安である。特に大規模投資で新しい機材を入れた後は、不安な日々を過ごすことになる。そういったところのサポートで安心感を得られることこそ、ひとり情シスにとって望まれるサービスである。

　次に必要なのは、経営者に対する状況説明のサポートである。ある程度の規模の組織になると、ひとり情シスと経営層との距離が遠くなる。システムが正しく運営されているかのチェック、企業のIT活用

状況やIT投資へのアドバイス、ひとり情シスの評価などを第三者として実施し、経営層とひとり情シスの双方に伝える役割を担ってくれるところがほしい。

コンサルタントに近い存在かもしれない。できれば、中立的で権威ある第三者機関であってほしいと思う。どうしても一般企業が関わると、商売っ気を出してしまうからだ。

そうした機関があると、ひとり情シスの努力に対して納得ある評価が得られるだろうし、経営者も安心できるだろう。IT投資の理解も得やすくなるかもしれない。もちろん、足りない点やスキル不足も指摘してほしい。厚かましいようだが、そのような監査・評価は少なくとも最初の何回かは、できればお金をかけずにやりたい。費用が発生すると経営から理解を得るのに苦労するからだ。そのために国が資金面などで支援してほしい。

一番重要なのは多能工への基礎教育

ひとり情シスは対応する範囲が広いので、情報収集が大変である。一人ならではの悩みもある。そういったときに、ひとり情シス専門の情報サイトがあると助かる。「あの製品を使うと一人でも運営できるようになるよ」とか「こんな方法で省力化しているよ」などの情報が集まっていると非常にありがたい。

ITベンダーの得意分野や実績評価などの情報などもあるとITベンダー選びも楽になる。ITベンダーによっては小規模な案件を嫌うところもあるので、ひとり情シスにとって都合が良いITベンダーなどの情報があると助かる。

人材不足の状況では、特に中堅中小企業にとってエンジニアの確保は非常に困難である。しかも、何でもできる人材をできれば探したいが、そのような人材の分類が無い。だから、多能工エンジニアやソロ

インテグレータといった人材の発掘や求人が行えるように、求人・転職支援業者には「何でもできる人材」の分類をつくってほしい。多能工エンジニアの相場などが見えてくるようになれば、自分の価値を把握することもできるようになるだろう。

　長期的に一番重要なのは教育機関である。多能工エンジニアを前提としたITの基礎教育が必要だと考えるが、そんな教育を実施しているところはおそらく存在しないだろう。専門エンジニアと違って、何から手をつけてよいのか分かりにくいのが多能工エンジニアだ。だから育成するのは難しいだろうが、基礎教育なら教育機関でも可能であるはずだ。

　長い時間をかけて教育する余裕のない中堅中小企業では、基礎教育だけでもありがたい。企業側も多能工エンジニアのインターンシップを実施するとよいだろう、ひとり情シスで可能かは正直分からないが、実験的にやってみるのも面白そうである。もちろん、国も中堅中小企業のIT活用のための教育支援の面でも協力してもらいたい。

　これから実施される小学校でのプログラミング教育の必修化などに、多能工エンジニアが何らかの形で関わっていくことも重要だろう。結果的に、後に続く多能工エンジニアを育てることにつながっていくと考える。専門エンジニアよりも、日本の環境にあった多能工エンジニア育成のためのプログラミング教育や、それを担う教育者の研修などで、私のこれまでの経験が生かせれば幸いである。

リゾート地での夢のエンジニアライフ

　かなり荒削りであるが、ひとり情シスをうまく回すための社会的な仕組みの全体像はこんな感じである。特に中堅中小企業のIT活用にとって、ひとり情シスは現実解であり、推進せざるを得ない状況である。ひとり情シスで回せるようになれば、あとは企業規模やリスクの

考え方の違いに応じて、企業ごとに多能工エンジニアを増やしていけばよいだけである。中堅クラスの企業であれば数人の多能工エンジニアの体制が私の理想だ。

中小企業では一人を確保するのも難しいだろうから、複数の企業のITをまとめて面倒を見る手段も必要だ。例えば税理士などと同じイメージでよいだろう。単に税務だけでなく節税などのアドバイスなどを税理士から得ているように、IT環境構築やIT投資のアドバイス、バックアップやセキュリティなどのフォローなど、その企業の身の丈に合わせたサービスを受ける。コンサルタントが経営寄りなのに対して、ソロインテグレータ（多能工エンジニア）は現場中心で実際の作業も進めながら、経営のIT活用にも関わるという現実的なサポートを提供するのだ。

いずれは私も、こうした中小企業をお手伝いしたり、ひとり情シスでIT環境を立て直したいという企業を支援したりできればと思う。複数の企業の支援をクラウドの開発環境から支援することで、私はどこからでもサポートすることができるようになる。そうすれば、リゾート地を転々としながら仕事をするという夢のエンジニアライフを実現できるかもしれない。笑われるかもしれないが、こういった夢があるからこそ人はがんばれる。

簡単なことではないが、これまでもいくつも夢を実現してきた。一人でシステムを作りたいという夢も実現した。「こんな環境になったら一人でも運営できるかも」と自宅で描いた絵を実現する機会も突然訪れた。「あわよくば外部で評価されて、それが社内の評価につながるとよいのに」と思ったことも、数年で実現したのである。プライベートでは空を飛びたいという夢なども実現してきた。

共通しているのは、より具体的にイメージした夢ほど実現しているということである。だから、今リゾート地を転々とするイメージをよ

り具体的に描いておけば、数年後にそれが実現する可能性がある。自分の将来に期待したい。

　この本から何かしらのヒントを得て幸せになるエンジニアが増えることを願う。定年までカウントダウンが始まりそうな私にもまだまだ夢がある。私が夢を実現することで、後に続くエンジニアに夢を与えられたら幸いである。人生は一度しかない。いろんなことに挑戦し、失敗も成功も良い思い出にすればよい。これまでひとり情シス実現の過程で、かなり辛い思いもしたが、だからこそ今、幸せを感じるのかもしれない。

　皆さんもこの特殊な日本の環境の中で、エンジニアとして幸せになるためにはどうしたらよいか、今一度考えてみてほしい。ひとり情シス実現はやり方の一つにすぎない。自分なりのやり方を見つけて、夢のあるエンジニアライフを実現してほしい。皆の活躍を期待する。